吳景超日記

劫後災黎

吳景超・原著　蔡登山・主編

吳景超、龔業雅1928年結婚前攝於南京

吳景超夫婦及子女攝於1950年於北京

抗戰時期合照：後排左：徐宗涑，後排右：梁實秋；右前：吳景超

吳景超三代同堂：後排女兒吳清可，兒子吳清雋（後用吳清俊）；前排孫女吳正林（右），吳正朋（左）。

1923年一船赴美留學生合影中有吳景超、梁實秋等人。

（感謝中國社科院學者呂文浩先生提供書中照片。）

編輯前言：吳景超的兩本著作

蔡登山

吳景超和聞一多、羅隆基並稱為「清華三才子」，他是胡適最為看重的年輕人之一，他被稱為「中國都市社會學第一人」，但和同代人的久負盛名相比，吳景超早已淡出人們的記憶。但他是一個漸被歷史塵封、卻不應該被所遺忘的人。我在十幾年前曾讀過學者謝泳的《清華三才子：聞一多・羅隆基・吳景超》一書，當時我最感興趣的是前兩人，因為吳景超所涉及的是社會學，並不在我研究的範圍。今年五月一日政大教授劉季倫告知我吳景超的《劫後災黎》是可以重新出版，他說他認為該書是記抗戰結束後中國慘狀的很重要的書籍。於是我二話不說從圖書館找到這本一九四七年上海商務印書館出版的影印本仔細拜讀。一九四六年吳景超出任中國善後救濟總署顧問，同年五月至八月間，他應善後救濟總署之邀，從重慶出發，到貴州、廣西、湖南、廣東、江西五省考察災情及各區善後救濟分署的救災工作。他記錄了旅途中的見聞，全書採日記形式寫成，真實感很強。後來他自己又寫了〈看災來歸〉一文發表於一九四六年九月二十日《大公報》，可視作這本日記的整體敘述，因此我把它放在日記的前面權充做一篇導言。

對於吳景超的成就，我實在無能為力去寫篇導讀，因為在這之前，他的著作我無一本讀過，更遑論它是社會學的領域。於是只好向老友謝泳求助，從他的大著中摘錄成〈吳景超的學術及人生道路〉一文做為導讀，蒙他應允，十分感謝。而書後我也補充了三篇附錄，分別是《清華暑期週刊》第七八期由佚名寫的〈吳景超〉和第十期吳景超自己寫的〈回憶清華的學生生活〉兩文，可做他生平的補充；而他在《新經濟半月刊》第二期發表的〈抗戰與人民生活〉則是由《劫後災黎》這本考察日記所延伸的論述文章，和本書有直接的關連性，故加以收錄。

吳景超著述的學術價值長期被忽視，是無可否認的事實。吳景超興趣廣泛，涉及社會學的多個領域，其著作大致如下：（一）《都市社會學》，世界書局一九二九年版；（二）《社會的生物基礎》，世界書局一九三〇年版；（三）《社會組織》，世界書局一九二九年版；（四）《第四種國家的出路》，上海商務印書館一九三七年版；（五）《中國工業化的途徑》，長沙商務印書館一九三八年版；（六）《中國經濟建設之路》，重慶商務印書館一九四三年版；（七）《戰時經濟鱗爪》，中國文化服務社一九四四年版；（八）《劫後災黎》，上海商務印書館一九四七年版；（九）《有計劃按比例的發展國民經濟》，中國青年出版社一九五五年版；（十）《蘇聯工業化時期的計畫收購和計畫供應》，通俗讀物出版社一九五五年版；（十一）《唐人街：同化與共生》，筑生譯、郁林校，天津人民出版社一九九一年版。

這些書籍幾乎是早年的版本，圖書館也不一定有。我並沒有特別去尋找，因為在這之前我看過好友陳正茂教授蒐集的全套《新路》周刊裡面有不少吳景超的精彩文章。一九四八年一月二十四日，吳景超去拜訪胡適，說要辦一個刊物，由錢昌照出錢，吳半農主編，劉大中負責經濟，錢端升負責政治，蕭乾負責文藝，而自己則負責社會，此刊物就是《新路》周刊。它於一九四八年五月十五日創刊於北平，但在同年十二月十八日就停刊，共出刊二卷六期（計三〇期）。《新路》是「中國社會經濟研究會」的機關刊物，作者群陣容堅強，網羅不少華北學術界領袖，如吳景超、潘光旦、劉大中、蔣碩傑、樓邦彥、邵循正、邢慕寰、周炳琳、蕭乾、汪曾祺、楊振聲等碩學鴻儒。除了《新路》周刊外，我利用中研院的「民國期刊全文數據庫」（上海圖書館製作）去尋找，在上百篇的文章中找出二十篇重要而具代表性的文章，它們分別發表於《獨立評論》、《獨立時論》、《新經濟》、《新路》周刊等，編成《吳景超的社會觀察》一書。我兩度到中研院去蒐集這些文章，最後去的時間記得是五月七日，而吳景超恰恰在一九六八年五月七日去世的，冥冥之中，似有因緣。而就在文稿蒐集完成後的一週後，新冠疫情爆發。緊接著中研院圖書館禁止院外人士進館至今，幸好文稿已經蒐集完成，否則將會延宕不知到何時。

學者呂文浩說：「在中國第一代社會學家裡，吳景超治學方法的特點是非常鮮明的，他善於而且勤於搜集當時世界各國尤其是工業化各國的社會統計資料，並以此為依據觀察當時中國社會的問題，提出一些前瞻性的論斷。正因為他的這一特點，他對當時中國社會問題的判斷，思想往往比較敏銳而新穎。」謝泳對吳景超評價很高，他說：「凡論述某一問題，視野都很開闊，他總是要把眼光放在全世界範圍來觀察，他引述的理論和數據都是當時最新的，他涉獵之廣泛，學術格局之宏闊，在同時代的學者當中，是不多見的。」

南京大學學者龐紹堂將吳景超的學術風格，概括為六點：

1、受過系統、嚴格的西學訓練，精通多種外語。

2、文風樸實，語言平實，論證精當，邏輯簡明，絕無玄奧晦澀之論證、故做莫名高深之炫耀，通俗易懂，但鞭辟入裡，指心見性，切中命門要道。

3、注重實證統計，論述必有根據。

4、悟透西學，具國際視野，中西比較，西西比較，旁徵博引，善用史料，說話皆有出處。

5、注重研究社會重大問題，關注社會敏感問題，即使一得之見，也秉筆直書，不回避，不矯飾。

6、並未秉承社會學所謂價值中立的理解主義傳統。

吳景超的著作，是中國都市社會學的發軔，他提出的「區域經濟」、中國工業現代化的理論，他對中國社會階級的理解，對於中國農村土地、租佃及人口問題的判斷與解釋，影響至今。尤其在《新路》周刊中有多篇文章是吳景超寫完之後，先發給劉大中、蔣碩傑等等這些經濟學者看過，然後每人再發表意見討論（討論內容亦刊登），最後吳景超就這些同或不同的意見，做總答覆。「疑義相與析」，創下最佳的典範。一九四八年十月下旬，胡適曾向翁文灝、蔣介石推薦吳景超、蔣碩傑、劉大中。三人中，劉大中和蔣碩傑後來都來到台灣，在台灣的土地改革及稅制改革中發揮了很大作用，蔣碩傑還曾被提名角逐諾貝爾經濟學獎。

通觀吳景超所寫的文章，他其實給中國現代化之路提供了願景。而這些前瞻性論點至今依然適用於當今的社會。二〇二一年是吳景超誕辰一二〇週年，我們以這兩本小書，來緬懷這第一代的社會學家，希望他不被世人所遺忘！

導讀：吳景超的學術及人生道路

謝泳

吳景超的學術道路和他的人生道路都是不平坦的。作為中國第一代的社會學家，他有一個非常好的學術開端，在他從事學術研究的時候，時代為他提供了許多便利條件。作為中國社會學研究的首創者之一，他在自己學術生涯的開始階段，就敏銳地選擇了一種雖然剛剛創立但卻有著廣闊學術前景的學科。對於中國現代學術來說，社會學在中國的發展，可以說是生逢其時，從中國現代學術史的角度觀察，在二三十年代，中國社會學從出現到發展，本來是一門最有前途的學科，對於像中國這樣在現代化道路上開始起步的國家來說，社會學的重要性是顯而易見的，吳景超那一代社會學家，在他們的學術生涯中，以自己的才智和艱苦努力，為中國現代社會學的發展打下了非常堅實的基礎，但由於時代的突然轉換，在中國現代學術史上最有學術前景的一門學科卻被人為地禁止了。中國現代的社會學研究者，相對說來，是同時代各種學科當中訓練最好的一批學者，第一是他們當年都很年輕，都是科班出身；第二是他們在接觸社會學研究時，這門學科的歷史還不長。他們在國外讀書時，較多接觸到的差不多都是這門學科的創始人或者影響較大的西方學者，如派克、博厄斯、本尼迪克特、布朗、馬林諾夫斯基等等，中國早期的社會學研究者都有和他們學習和合作研究的經歷。在中國現代學者當中，在融合中國傳統教育和現代西方學術訓練方面，以從事社會學研究的學者的學術工作較為突出，把西學術較多用來研究中國問題的，也是社會學，在中國現代學術史上，較早注意到一門西方學科的本土化問題，也以社會學最有代表性，二十年代中期和三十年代初期，以吳文藻為代表的社會學家，在社會學的「本土化」問題上，做過很多探索。吳景超的學術道路也開始於這一時期，他是以西方社會學研究的方法來研究中國問題並做出了很大貢獻的學者。

吳景超（一九〇一－一九六八）是安徽歙縣人，字北海。一九〇一年（清光緒二十七年）生。幼年在家鄉受初級教育。一九一四年入南京金陵中學就讀。第二年考入北京清華留美預備學校。一九二三年夏天赴美國，入明尼蘇達大學，主修社會學。後入芝加哥大學攻讀碩士學位和博士學位。一九二八年回國。一九三一年秋，任清華大學教授。一九三二年任教務長。一九三五年底離開清華，隨翁文灝等赴南京，任國民政府行政院秘書。一九三七年國民政府遷至重慶。任經濟部秘書。一九四五年任戰時物質管理局主任秘書。一九四六年任中國善後救濟總署顧問。一九四七年重回清華大學社會學系任教授。一九五二年調任中央財經學院教授。後加入中國民主同盟，並當選為中央常委，全國政協委員。一九五三年任中國人民大學教授。

吳景超早年在學術上的貢獻是他關於都市社會學的研究，他在芝加哥大學的博士論文是研究唐人街的。在這方面，吳景超可以說是中國現代都市社會學研究的開創者。二十年代中期，有一批社會學者從國外學成歸國。他們認為社會學的理論分析和調查研究方法對於理解和處理中國的社會問題有很大的幫助，他們鼓吹在中國的大學裏設定社會學系，多開社會學課程；組織從事社會學研究的工作人員成立社會學會。吳景超就是當時的倡導者之一。

吳景超一九二八年回國，在南京金陵大學任教，講授社會學原理及都市社會學課程，著有《都市社會學》一書。對於該書孫本文說：「吳氏於一九二五年至一九二八年在芝加哥大學研究社會學，隨派克（Robert E.Park）等學者從事都市社會學原理的研究，這書多少含有芝加哥學派的意味。」他曾會同孫本文、吳澤霖、潘光旦、楊開道、言心哲、李劍華、柯象峰、許仕廉、陳達、吳文藻等學者先後發起組織「東南社會學社」和「中國社會學社」，並出版專業性的社會學雜誌。一九三一年中國社會學社成立時，第一屆理事只有九人，孫本文為理事長，許仕廉為副理事長，吳景超為書記。當時中國社會學社每年開大會一次，分別在南京、上海或北平舉行。第五屆年會時吳景超為理事長。

吳景超早年的學術工作，重點集中在對中國工業化問題的思考上，由此他也特別注意對中國土地制度的研究，他在美國時曾多次和胡適談到過中國的土地制度和佃農等問題，吳景超早年的學術工作，思考的都是與國計民生有重大關係的問題，正是因為他學術研究的這個特點，胡適非常看重他。一九三六年一月二十六日，胡適在給翁文灝、蔣廷黻和吳景超的信中曾說：「我對於你們幾個朋友，（包括寄梅先生與季高兄等），絕對相信你們『出山要比在山清』。但私意總覺得此時更需要的是一班『面折廷爭』的諍友諍臣，故私意總期望諸兄要努力做educate the chief（教育領袖）的事業，鍥而不舍，終有效果。行政院的兩處應該變成一個『幕府』，兄等皆當以賓師自處，遇事要敢言，不得已時以去就爭之，莫令楊誠齋笑人也。」三十年代中期，曾出現過短暫的「好人政府」，據何廉在他的回憶錄中說，在翁文灝出長行政院長時，「還有兩三位秘書或參事遴選自大學教授中，這主要是在翁文灝出任行政院秘書長期間來的。一位是吳景超，是清華大學的社會學教授；另一位叫張銳，是畢業於美國密歇根大學的研究市政的專家，當時是南開大學教授。」

吳景超獨特的學術貢獻在於他對中國社會性質的準確理解和分析，他對中國社會階級的理解、對於中國農村土地、租佃及人口問題的判斷與解釋，現在看來是較為準確和深刻的。一九三五年，吳景超寫過一篇〈階級論〉。吳景超主要批判的是馬克思和列寧關於階級鬥爭的理論。他通過對十八世紀末到二十世紀初期，英美德法等國的經濟和工業狀況的統計分析，認為「在平日，無產階級的生活，已經夠痛苦了，在不景氣的時期裏，痛苦一定要加深，這種時期，便是產生革命的時期。這種說法，從歷史的觀點看去，顯然是不對的。」吳景超認為「共產主義與社會主義所標榜的理想社會，只有實現的可能，而無實現的必然。」從吳景超在他文章中所引述的文獻看，他對於馬克思、恩格斯、列寧等的著作都下過很大的功夫，非常熟悉。在當年自由主義知識分子當中，像吳景超、吳恩裕等學者，他們對於馬克思、恩格斯、列寧著作的了解，從學術的角度觀察，是非常深入的。

四十年代末期，是吳景超學術生涯的又一個高峰，在這一時期，他又重回清華社會學系執教。更為重要的是在這一時期，他參預了代表四十年代部分自由主義知識分子政治和學術顧向的《新路》雜誌的工作。我把這一時期前後，吳景超在《新經濟》、《世紀評論》、《觀察》及他為《大公報》等所寫的文章，都歸入《新路》時期的學術生涯。

四十年代末，較能集中反映當時大學教授對中國社會經濟問題認識的言論，以《新路》最有代表性。這本雜誌和它所屬的「中國社會經濟研究會」，在以往中國現代史的研究中，基本是給予了否定性的評價，但從學術的角度觀察，當時這些教授對中國社會問題的看法並非沒有道理，作為一種學術來評價，可能他們當年的建議對中國的發展更有參考作用。

吳景超五十年代的學術工作，與他早年的學術研究已不可同日而語。這一時期他最有價值的學術研究是他關於中國人口問題的一些看法，但這樣的學術研究，也沒有超出他早在二三十年代的學術思想。在時代的轉換過程中，吳景超選擇了他同時代絕大部分知識分子的道路，留下來期待為新中國服務。吳景超曾對一位從國外回來的清華校友說：「這是一個大時代，我們學社會學的人決不能輕易放過」。

吳景超五十年代初期的思想轉變是發生較快的，在他當年的朋友當中，像周炳琳就沒有他那樣迅速，以我們現在看到的材料來判斷，他對於新時代的順應過程在很短的時間內就完成了。一九五一年，吳景超參加了土地改革，對於這樣的經歷，他是這樣認識的：「在土地改革參觀回來以後，我再把解放前我所寫的關於土地問題的文章取出一看，使人感到非常的慚愧與不安。解放前我對於土地問題看法的基本錯誤有兩點：第一、我採取了超階級的觀點，既要照顧農民，又要照顧地主。第二、我採取了機會主義的觀點，以為階級利益的問題，可以用和平妥協的方法來解決，而不必用激烈的、尖銳的階級鬥爭的方法來解決。」吳景超覺得，土地改革的教育，加深了他對抗美援朝的認識。他說：「在解放以前，我對於美國是有過幻想的。我在過去數十年來，曾寫過一些文章，鼓吹中國需要工業化；但我當時犯了一個極大的錯誤，就是對於自力更生的本領，發生懷疑。我研究各國工業化的歷史，看見除蘇聯以外，其餘的國家，包括英美在內，都曾利用過外資來發展工業。我沒有看到在帝國主義時代，十八、十九世紀那種利用外資的辦法，是行不通的；我沒有重視蘇聯的經驗，從蘇聯的經驗中，得到自力更生的教訓。我還幻想美帝可以用他們多餘的物質，來幫助我們進行工業化。我應當指出，這些幻想，在解放之後，由於學習馬列主義及毛澤東思想，已經逐漸消滅了，但只是在參加土地改革之後，這個幻想才得到致命的打擊。」

五十年代初期，在發動對知識分子的思想改造之前，一個重要的歷史現象是新政權讓許多大學教授去參加了土地改革，這可以說是後來發生的知識分子思想改造運動的前奏。許多大學教授不是在思想改造運動之後才與新政權妥協的，而是在土地改革時就開始放棄自己的獨立性。當時參加了土改的知名大學教授潘光旦、全慰天、孫毓棠、李廣田、蕭乾、胡世華、賀麟、鄭林庄、朱光潛、吳景超等，都寫過文章來檢討自己的過去。

一九五五年吳景超寫了〈批判梁漱溟的鄉村建設理論〉。這是吳景超在一九四九年以後所寫的較有份量的一篇文章。文章對梁漱溟的鄉村建設理論進行了全面的批判。吳景超早年對梁漱溟的中國鄉村建設理論本來就有不同的看法。其主要觀點是吳景超認為中國農村的問題主要是耕地面積較少，農場不大。他的主要思路是讓農村走工業化的道路，讓農村向都市化轉變。那時，吳景超對梁漱溟的鄉村建設理論的評價只是學術上的。而現在這篇文章，吳景超對梁漱溟的批判就完全是政治上的了。這樣的文章在吳景超的學術生涯當中，是很大的敗筆。吳景超早年的學術訓練是非常嚴格的，我們看他四九年以前的文章，有一個明顯的特點就是他非常注意歐美現代學術研究的動向，他的學術文章很注重統計和史料的運用，他是從不說沒有根據的話的。在早年的學術生涯中，他也經常和他的同行有不同的意見，也不斷地發生學術爭論，但吳景超那時的爭論文章也是非常有風度的，從來沒有盛氣淩人。他早年在學術文章中特別喜歡運用歐美最新的學術研究資料來說明自己的觀點，這已成為的風格。但到了批判梁漱溟的鄉村建設理論時，吳景超的寫作風格完全變化了。這是一篇完全不講理的文章，斷章取義，缺乏邏輯。另一個值得注意的現象是在這篇文章中，吳景超還順便對胡適進行了批判，他認為梁漱溟的一些看法與「胡適的主張如出一轍」，說梁漱溟引胡適為同調。其實在二三十年代，胡適和梁漱溟在同時代的知識分子當中，從思想觀點來說是相差較大的，真正和胡適思想一致的倒是吳景超。但在那樣的時代氣氛中，吳景超早年的學術氣質和風格已蕩然無存了。他在批判胡適的運動中，寫了〈我與胡適——從朋友到敵人〉一文，吳景超和他同時代許多知名大學教授一樣，違心地對胡適進行了潑污水式的批判，文章可能都是在政治壓力之下所寫的，吳景超說：「胡適，過去是我的朋友，今天是我的敵人。我要堅決與胡適所代表的一切進行鬥爭，不達到最後的勝利，決不罷休。」吳景超在他批判梁漱溟的文章中，一改他早年喜引歐美學者學術觀點的習慣，他批判梁漱溟，從頭到尾引述了如下人物的著作：《毛澤東選集》、劉少奇《關於土地改革問題的報告》和《學習聯共（布）黨史第九章至第十二章參考檔案》等等。當時有一個奇怪的現象是，一九四九年以後，那些可以和過去簡單告別，完全和新時代妥協的學者，多數都是受西方文化影響較重的，倒是那些受中國傳統文化影響較深的學者，妥協起來就比較難，梁漱溟和陳寅恪是比較典型的，這其中有思想的因素，可能也有年齡和人格的因素，當時年齡較輕的學者更容易和新時代達成平衡。

一九五六年二月《新建設》發表了吳景超的一篇文章〈從深入生活中提高自己〉。這是吳景超的一篇學習體會。從中可以看出反右以前吳景超的思想狀態。從這篇文章說明，一九四九年以後，對知識分子思想進行改造，憑空構造的知識分子「原罪論」的觀點，此時已在知識分子身上發生了作用。五十年代，極端誇大工農對知識分子改造的作用，其基本的思路就是要打掉知識分子的尊嚴，特別是人格尊嚴，所以要特別貶低他們在思想和理論上的貢獻。

一九五六年七月，在「百花齊放，百家爭鳴」的氣勢下，吳景超開始有限度地恢復他當年敢於說真話的習慣。一九五六年七月號《學習》雜誌在「百家爭鳴筆談」的欄目下，發表了吳景超的文章〈「百家爭鳴」的目的是為人民服務〉。吳景超雖然說話非常謹慎，但他還是委婉地把自己想要說的話表達出來。他說：「在我們的專業中，把我們對於科學研究的成果，毫無保留地貢獻出來，就是『百家爭鳴』這一政策所要求於我們的。因此，我們不能再『噤若寒蟬』，那時對於社會主義建設缺乏責任感；也不要抱『一鳴驚人』的想法，那是庸俗的名位思想在作祟。我們爭鳴的動力，是出於對祖國的熱愛，出於衷心擁護我國迅速建成社會主義的偉大政策。既然如此，『爭鳴』的『百家』，就應當歡迎批評與和我批評。在我們的社會裏，批評不應當從打擊別人抬高自己的觀點出發，受批評的人也不應當把批評和個人的面子聯繫在一起來考慮。批評是與人為善；自我批評就是改正錯誤，提高認識，以便更好地為人民服務。有了這種認識，就可以在『爭鳴』的過程中，避免無謂的人事糾紛，而使我們共同的事業，能夠迅速地走向勝利。」

一九五七年一期《新建設》雜誌在「一得之見」欄目下又發表了吳景超的〈社會學在新中國還有地位嗎？〉，這是吳景超在一九五七年受到批判最多的一篇文章。這篇文章本來也是非常有節制地對一九四九年以後取消社會學提出了自己的一點看法。起因是一九五六年，吳景超在《真理報》上看到了蘇聯科學院通信院士費多塞也夫的一篇介紹蘇聯社會學命運的文章。不久吳景超和潘光旦、嚴景耀、雷潔瓊又和參加過當時國際社會學第三次會議的波蘭科學院的奧爾格爾德・魏德志有過一次談話。吳景超說：「這一切，使我想到中國的社會學往何處去的問題。」吳景超那時說話已經非常有分寸感，他是在先有了「資產階級的學者，以社會學理論與馬克思主義進行對抗」的前提下，在說完「整個地說來，資產階級的社會學，其立場觀點與方法，基本上是錯誤的。」以後，才說了：「在百家爭鳴的時代，我認為我國的哲學系中，還有設立社會學一門課程的必要。在這一門課程中，可以利用歷史唯物論的原理，對於資產階級社會學進行系統的批判，同時也盡量吸收其中的一些合理部分，來豐富歷史唯物論。」吳景超說：「舊社會學還有其它一些部分，如人口理論與統計，社會調查（都市社會學與鄉村社會學都可並入社會調查之內），婚姻、家庭、婦女、兒童等問題，社會病態學中的犯罪學部分，都可酌量並入其它學院有關各系之內。開設這些課程，當然不能採用舊的課本，講授時也不能採取舊的立場觀點與方法。但是以歷史唯物論的知識為基礎，來研究這些問題，對於我國社會主義社會的建設，也還是有用的。」吳景超的這篇文章非常客氣，也非常小心，但就是這樣，他還是讓人抓到了把柄，成了著名的右派。當時在本期《新建設》雜誌「一得之見」欄目下共發表了三篇文章，另外兩篇是張岱年的〈道德的階級性和繼承性〉，李長之的〈文章長短論〉，這三個人在一九五七年全部成了右派。

一九五七年三期《新建設》雜誌發表吳景超〈中國人口問題新論〉一文。在文章中吳景超再一次得出了：「中國必須實行節育，降低人口的出生率，因而降低人口的自然加增率」。同時吳景超還對當時把主張節育認為是新馬爾薩斯主義的觀點進行了答辯。

一九五七年四月十日，《新建設》雜誌邀請在北京的部分社會學家，就開展社會學研究的有關問題，進行座談。一九五七年七月號《新建設》雜誌發表了座談會紀錄摘要。在這次座談會上發過言的人，後來差不多都成了右派。他們是陳達、費孝通、吳景超、李景漢、雷潔瓊、嚴景耀、吳文藻、林耀華、袁方、張之毅、胡慶鈞、全慰天、王康、王慶成、張緒生、沈家駒等二十餘人。吳景超的發言題目是〈一些可以研究的社會現象和問題〉，發言很簡短，基本是重複他在〈社會學在新中國還有地位嗎？〉一文中的觀點。在這次發言中，他還特別提出了像「宗教社會學、法律社會學、知識社會學等，過去中國也沒有搞過，我看將來也可以搞搞。」的建議。

一九四九年以後，吳景超本來在學術研究上已消失了以往的銳氣。在「百花齊放。百家爭鳴」的號召下，非常謹慎地說了幾句話，但從此基本上結束了自己的學術生涯。在隨後到來的反右派運動中，吳景超成了鼓吹資產階級社會學理論的一個重要代表。雖然他不得已做了〈痛改前非，努力成為工人階級的知識分子〉的檢討，但他個人的命運已無法改變。

據說，劃吳景超為「右派」的理由，包括：（一）民盟盟員；（二）鼓吹馬爾薩斯人口學說；（三）企圖「復辟資產階級社會學」；（四）提倡大學教授聘任制、不受政府委派等言論。從此吳景超便不許再從事教書。隨著降級、減薪、思想檢討、自我批評、思想改造、集體學習等種種責罰，紛至沓來。其最富於諷刺意味的，即派遣吳景超再度到社會主義學院去重新學習。吳景超從德文、俄文所研習到原始的馬列學說，均被棄如敝屣，認為是誤解，卻要再從不通外文的教員去學習『逾淮之橘』。只有在這種反常的、一片如痴如狂的情形下，才能使人充分理解到當年屈子在行吟澤畔所哀訴的『黃鐘毀棄，瓦釜雷鳴』的沉重心情。」

吳景超一生的學術道路，以他早年在清華和國民政府時期最為順利。一九四九年以後，他選擇留在大陸，結果使他在學術上沒有再出現曾經有過的輝煌。像吳景超、費孝通、儲安平、羅隆基、潘光旦、曾昭掄、吳晗、錢端升等等，他們都是比較有代表性的自由主義學者，對於新時代的到來充滿幻想，他們在一夜之間似乎就放棄了自己整個人生的信念，最終產生了那麼大的悲劇。李樹青曾感慨地說：「這也算是樹大招風，盛名之累罷。」與十月革命後俄羅斯知識分子的選擇和判斷相比起來，中國自由主義知識分子的精神支柱和理想信念，在多大程度上已內化為他們的人格力量，這還是一個需要我們認真思考的問題。

一九六八年五月七日，吳景超因肝癌去世，終年六十七歲。死後火化，骨灰由一位堂弟攜返故鄉歙縣安葬，一代知名學者，在絕望中走完了自己的一生。一九八〇年十月十七日才獲平反，他的學術著作至今沒有重新系統出版。

（摘錄謝泳《清華三才子：羅龍基、聞一多、吳景超》，二〇〇五，北京新華出版社）

導讀：吳景超・龔業雅・梁實秋

蔡登山

梁實秋被稱為翻譯大家，《莎士比亞全集》花了三十年譯畢，讓他當之無愧。梁實秋又被稱為散文大師，《雅舍小品》堪稱他的代表作。但許多人都認為「雅舍」是他的書齋名，其實是不對的，它甚至涉及梁實秋生命中非常重要的一位女性。那是抗戰時間，梁實秋隻身到了重慶，應教育部次長張道藩之邀，任中小學教科書組主任。此時《新月》好友劉英士主編《星期評論》，邀請梁先生寫專欄，每期兩千字，名之曰「雅舍小品」，並署名子佳。

梁先生曾自述雅舍之由來：「抗戰期間，我在重慶。五四大轟炸那一年，我疏散到北碚鄉下。吳景超、龔業雅伉儷也一同疏散到北碚。景超是我清華同班同學，業雅是我妹妹亞紫北平女大同班同學，我和他們合資在北碚買了一幢房子，房子在路邊山坡上，沒有門牌，郵遞不便。有一天晚上景超提議給這幢房子題個名字，以資識別。我想了一下說，不妨利用業雅的名字名之為『雅舍』，第二天我們就找木材做了一個木牌，用木樁插在路邊，由我大書『雅舍』二字於其上，雅舍名緣來如此，並非如某些人之所誤會以為是自命風雅。」

吳景超安徽歙縣人，一九〇一年生，長梁實秋兩歲。他們都是一九一五年，考入北京清華留美預備學校，是同班同學。在校期間，吳景超曾任《清華週刊》總編輯，梁實秋評價他：「好史遷，故大家稱之為太史公。」吳景超與聞一多、羅隆基一同被譽為「清華三才子」。一九二三年八月十七日他們在上海搭乘「傑克遜總統號」赴美留學，據梁實秋先生回憶，一九二三年畢業的這一級學生，入學時有九十多名，上船時還有六〇多名。清華留美預備學校的一九二三級（癸亥級）是非常優秀的一屆，其中不少當年的才子才女，後來成為各界翹楚或抗日名將。在此次的留學名單中清華的就有顧毓琇、梁實秋、吳景超、吳文藻、孫立人、齊學啟、張忠紱、全增嘏、孫成璵（孫瑜）、吳卓等人。而同船上還有燕京大學的，據冰心說，其中就有四名燕京大學畢業生，謝婉瑩（冰心）、許地山、陶玲（女）和李嗣綿。吳景超入明尼蘇達大學，獲學士學位。一九二五年至一九二八年，在芝加哥大學社會學系學習，先後獲得碩士、博士學位。梁實秋在科羅拉多學院學習，一九二四年夏畢業後前往哈佛大學，研究方向是西方文學和文學理論，獲哈佛大學英文系哲學博士學位。許地山入哥倫比亞大學研究哲學和宗教，李嗣綿入麻省理工學院。冰心經燕大美籍教師舉薦，入威爾斯利女子學院讀研究生，學習英國文學。陶玲自費入蒙得好列紀大學習社會學。

龔業雅的資料不多，根據學者呂文浩說她出身於湖南湘潭的一個知書達理的士紳之家。其父龔德霖曾於清末留學日本，歸國後在一九〇五年創辦了湘潭第一女子學校——龔氏女校。龔業雅在父親主辦的女子學校畢業後，赴北京女子師範大學繼續深造。課餘她常去同班同學梁亞紫（梁實秋的三妹）家裡去玩，因其性格開朗，深得梁家上上下下的喜愛。吳景超之所以能夠和龔業雅結為連理，梁氏兄妹的橋樑作用功不可沒。一九二八年吳景超回國，任金陵大學社會學教授兼系主任；一九三一年任清華大學教授，曾任教務長。一九三五年在國民政府任職。國民政府遷都重慶後轉任經濟部祕書，龔業雅也隨丈夫在重慶居住。

文中談到五四大轟炸，那是一九三九年五月三日日軍轟炸重慶市區，第二天梁實秋去戴家巷二號探望吳景超夫婦，吳景超尚未下班，只有龔業雅和孩子在家，兩人正在閒談，突然防空警報大作，大家慌做一團，只好在房東太太的客廳屏息待變。就在此時，一顆炸彈擊中房子，四處火起，灰塵瀰漫，梁實秋帶著龔業雅和孩子倉皇逃生，這就是抗戰史上有名的五四大轟炸。梁實秋在文章這樣回憶著：

> 業雅拉著兩個孩子，我替她扛著皮箱，房東太太挽著我的胳臂。我們怕走散，不停地互相呼喚著，像叫魂一般。事後房東太太告訴我，我頭上有冷汗滴在她的臂上。我們走到江邊海棠溪，倒在沙灘上，疲不能興……仰視重慶山城火光燭天，劈劈啪啪亂響，因為房子都是竹子造的。過了午夜火勢漸弱，我們才一步步的走上歸程。戴家巷二號依然存在，我下榻的旅行社招待所則門戶洞開，水灑了滿室。第二天，景超向資委會借到一部汽車，我同

他一家狼狽的去到北碚。

北碚的「雅舍」其實是相當簡陋的，用竹筋和三合土蓋成，梁實秋說：「雅舍的位置在半山腰下距馬路約有七、八十層的土階。前面是阡陌螺旋的稻田，後面是荒僻的榛莽未除的山坡。篦牆不固，門窗不嚴，與鄰人彼此均可互通聲息。入夜則鼠子自由行動，使人不得安枕。夏季則聚蚊成雷……」就在這樣的環境中：「長日無俚，寫作自遣，隨想隨寫，不拘篇章，冠以『雅舍小品』四字」。

據梁實秋描述，「業雅是我見過最具男孩子性格的女性，爽快，長得明麗。非常能幹的她，先後在四川、北平做商務編譯館的人事主任，管兩百多人，連家屬六七百人。很有能力，當年所有編譯館的事，從重慶回到南京，都是她一人處理的。她不是文才，是幹才。」一九三八年十月七日，在重慶的吳景超給駐美大使胡適寫了一封信，說：「業雅近來忽生求學之念，請你替他（當時吳景超將女性人稱代詞都寫作「他」）留意，假如有什麼學校裡，可以給中國女子一種獎學金，他願意得到這種機會。不過他的英文，還不能直接聽講，所以即使有獎學金的機會，他也當自費在美補習英文一年。我們雖然伉儷情深，但我對於他那種求知的欲望，很不願意打冷他。請你替他留意為託。」此時的龔業雅已經三十六歲，一兒一女都很年幼，抗戰時期物質生活異常艱苦，吳景超雖然捨不得龔業雅離開，但對她的求學熱情仍給予盡可能大的理解和支持，後來此事並沒有達成。

雅舍共六間房，梁實秋占用兩間；龔業雅及孩子占兩間；其餘兩間由時為教育部教科用書編委會代主任的許心武及其秘書尹石公居住。雖然地荒涼、屋簡陋，雅舍卻勝友如雲。一大批名人雅士常到雅舍作客：冰心、盧冀野、陳可忠、張北海、徐景宗、蕭柏青、席徽庸、方令孺、余上沅、李清悚、彭醇士……老舍一家時居北碚，也是雅舍上客。梁實秋還回憶說，有一晚他與龔業雅、盧冀野等幾位好友打麻將消遣，「兩盞油燈，十幾根燈草，熊熊燃如火炬，戰到酣處，業雅仰天大笑。椅仰人翻，燈倒牌亂」。一位爽朗、豪放的「女漢子」的形象，躍然紙上！

對於梁實秋和龔業雅的關係，當時就有些傳言，對此梁實秋非常坦率，他在文章中說：「雅舍小品也是因業雅的名字來的。雅舍小品第一篇曾先給業雅看，她鼓勵我寫。雅舍小品三分之二的文章，都是業雅先讀過再發表的。後來出書，序也是業雅寫的。我與業雅的事，許多朋友不諒解，我也不解釋，但是一直保留業雅的序作為紀念。」而今網路上更有人以當時梁實秋的妻子程季淑尚在北平為由，想當然耳認為梁實秋與龔業雅有曖昧之情，實為小人之心。龔業雅可說是梁實秋的紅粉知己，已超越男女之情而化為文字上的繆斯女神。《雅舍小品》可說是在龔業雅的催促、欣賞下完成的。因此成書時梁實秋請龔業雅寫了一篇短序，以志因緣：

二十八年實秋入蜀，居住在北碚雅舍的時候最久。他久已不寫小品文，許多年來他只是潛心於讀書譯作。入蜀後，流離貧病，讀書譯作亦不能像從前那樣順利進行。劉英士在重慶辦《星期評論》，邀他寫稿，「與抗戰有關的」他不會寫，也不需要他來寫，他用筆名一連寫了十篇，即名為「雅舍小品」。刊物停辦，他又寫了十篇，散見於當時渝昆等處。戰事結束後，他歸隱故鄉，應張純明之邀，在《世紀評論》又陸續發表了十四篇，一直沿用「雅舍小品」的名義，因為這四個字已為讀者所熟知。我和許多朋友慫恿他輯印小冊，給沒讀過的人一個欣賞的機會。

一個人有許多方面可以表現他的才華。畫家拉斐爾不是也寫過詩嗎？詩人不是也想畫嗎？「雅舍小品」不過是實秋的一面。許多人喜歡他這一面，雖然這不是他的全貌。也許他還有更可貴的一面呢？我期待著。

三十六年六月　業雅

設若沒有龔業雅，我們可以斷定不會有《雅舍小品》。這本書稿原本交商務印書館，但在時局動盪的當年並沒有出版，直到一九四九年來台之後，才在正中書局出版。

一九四九年後，龔業雅隨丈夫吳景超留在大陸，梁實秋則南渡來台，兩人天各一方，再未見面。梁初抵台灣後，兩人仍有魚雁往返，直到兩岸斷絕郵電才失去聯繫。一九五二年後吳景超執教於中國人民大學經濟系。在「百花齊放百家爭鳴」的號召下，吳景超非常謹慎地說了幾句話，但很快成了被批判的靶子。此後更是被作為「鼓吹資產階級社會學理論的重要代表」，成為眾矢之的。一九五七年他被劃為右派，當時中國民族學、社會學、人類學界最著名的大右派有：吳澤霖、潘光旦、吳景超、吳文藻、費孝通等。其中，「吳門三大右派」吳澤霖、吳景超、吳文藻分別是中國民族學、社會學、人類學界的大師。歷經磨難後吳景超於一九六八年五月七日因肝癌去世。作為中國第一代的社會學家，在絕望中走完了自己的一生。文革後，梁實秋託在美友人打聽，得到的卻是龔業雅的死訊，去世時六十九歲（推算當在一九七一年）。梁實秋曾說：「這一生影響我最大的女人，一個是龔業雅，一個就是我太太程季淑。」非常難得的是學者呂文浩找到晚年吳景超、龔業雅夫婦及兒子、媳婦、女兒和孫輩三代同堂的和樂照片，可惜的是梁實秋從未見過這張照片，以慰思念。

清華大學哲學系教授金岳霖撰有一副諧聯，打趣吳氏夫婦：

以雅為業，龔業雅非誠雅者；

維超是景，吳景超豈真超哉。

編輯書前註

本書內容為史料性質，由蔡登山主編重新點校，部分詞彙與翻譯和現今所習慣的正確用字並不相同，為尊重歷史、呈現作者當時的記載，我們予以保留。

目次

編輯前言：吳景超的兩本著作／蔡登山 7
導讀：吳景超的學術及人生道路／謝泳 12
導讀：吳景超・龔業雅・梁實秋／蔡登山 24
編輯書前註 31
前言：看災來歸 35
《劫後災黎》自序 43
劫後災黎 45

附錄一 回憶清華的學生生活／吳景超 223
附錄二 吳景超／（佚名） 227
附錄三 抗戰與人民生活／吳景超 231

前言：看災來歸

我於五月十四日離開重慶，作了一次長途的旅行。路上經過了貴州、廣西、湖南、廣東、江西、浙江等省，於九月四日到達首都。在這次旅行中，我的目的是要視察各地的災情，並且看看各地的善後救濟分署如何進行救災的工作。

災情首先觸到我們眼中的，便是破壞的房屋。我們過了貴州的都匀縣以後，沿公路上的房屋，便呈現出焚毀、破爛，以及臨時修補的現象。有許多房子，破牆還留著，但上面已無瓦蓋，地基上長的是青草。我們所經過的縣城，房屋破毀在百分之九十以上的乃是數見不鮮的事。有好些縣政府，因為縣城中沒有一所完整可以辦公的屋，到現在還流亡在鄉下，沒有回城。最慘的一縣，在我所看到的來說，是浙江的武康。這個離莫干山不遠的縣城，江浙的人大約有許多都到過的，在戰前，據說有房屋三千餘間，在淪陷期內，所有的房子被燒光了，去年八月二十三日，縣城收復的時候，縣城中除了城隍廟外沒有一所完整的房子。至於各地的鄉村，與武康同一命運的，真是指不勝屈。我在江西，曾到過高安縣的一個鄉村，名為祥符觀。同行的人告訴我，這個鄉村在戰前是相當繁榮的，但我在那兒，不但看不見舊的了，連舊房子的痕跡也看不見，路旁的幾間茅屋，顯然是勝利後新蓋的。

在我所經過的五千餘公里途中，飢民是到處可以看見，但最嚴重的飢荒區域，是西起柳州，東至衡陽的六百里範圍之內。在這個路線上的災民，在今年秋收以前，的確有許多靠吃野草度日的。我們看了很多鄉村，到每一個家庭中去訪問，發現他們有稀飯或豆子吃的，佔極少數。廣西雒容縣的盤古村，我們在等候汽車時，看了十幾家，其中只有兩家有稀飯可吃，其餘的都吃石頭菜、豆角葉、巴蕉根。這些災民所吃的野草，我們在沿途搜集標本，到衡陽時，已經搜集了三十幾種。吃這些野草的人，營養不足，因此各縣的死亡率比較平時大增。餓斃的災民，各縣都有，在桂北每月以百計，一入湘境，便以千計。零陵飢民，至五月底止，餓死的已有二千零九十人。祁陽在同期內，餓死的有三千一百四十人。衡陽縣政府報告，至六月九日止，已餓斃二萬六千四百二十九人。此數或太誇張，但該縣參議會所送統計，五月份內，餓死人數，有姓名住址可考的，凡一千一百二十一人，此或近於實情。

我們這次旅行在夏天，所以各地的老百姓在衣服方面缺乏到什麼程度，難以看出。在貴州，我們有一次因為車子拋錨，住在一個只有十四戶的村莊裏。這個村莊中的男女老少，除了兩個人外，沒有一個人穿的衣服不是打補丁的。而這兩個人中，有一位還是沒有滿月的新娘子。自廣西到江西，瘧疾是很流行的，但我們所參觀的家庭，有帳子避蚊的佔極少數。問他們的帳子到那兒去了，答案是逃難時帶不了許多東西，都留給敵人焚燬了。這些老百姓，多以木板為床，破絮為被，至少有幾個冬天他們不大好過。

行的方面，公路鐵路的損失，凡以前在這些省份裏旅行過的，都能看得出今昔的差異。公路方面，湖南以前號稱全國第一，現在雖然比以前差了，但在各省中仍可居首席。江西比較也還不差。其餘各省的公路，是否可以當得起路的尊稱，大有問題。從廣州到曲江的公路，有一大段，我們的車每點鐘只能以五公里的速率前進。此外如廣西由柳州到全縣，如浙江由江山到諸暨，坐車如有騎馬，顛簸的厲害，不是在都市中坐汽車的人所能想像到的。我們在廣東時，因為怕公路的顛簸，有時也坐駁船。有一次，船上除擠滿了男女客人外，船的前面與艙的頂上，都裝滿了肥豬。平生最惡豬的齷齪，此時因旅行的需要，也不得不與豬為伍，這種人畜不分的交通工具，在國內還是最普通的。以我的觀察所得，現在內地所用的交通工具，無論是人力車、轎子、帆船、汽車、車皮，今日用以運人的，明日也可用以運豬。

我於民國二十九年也曾在內地作了一次長途旅行，路線大同小異，經過七年的寒暑，中國大多數的人民，是更窮了、更苦了。這是我的一個總的感想。

很僥倖的，現在有像聯總這樣的一個國際組織，來幫助我們辦理救濟的工作。沒有這種幫助，我們是否能夠維持災區中的治安，很是一個問題。歷代改朝換代的大亂，有許多是飢民發動的。今年我們的災區是那樣大，災民是那樣多，為什麼社會的序秩還能維持呢？簡單的答案，完全靠了國際友人送來的物資，使紛亂不致發生，社會得以安定。

今年行總利用聯總給我們的物資，在全國各地辦理大規模的救濟，範圍之廣，方面之多，可以說是空前的。只拿衡陽一縣來說，湖南分署在六月以前，便發了賑濟麵粉七百零五十萬市斤。如每斤以三百元計，這些麵粉便值法幣二十一億一千五百萬元。別種物資，如舊衣、牛奶、奶粉、罐頭食品等等，衡陽縣的飢民也有所得，還沒有包括在上面的數目字之內。

這種空前的救濟工作，詳細的節目，我不擬在此敘述，現在只把幾項比較重要的報告一下，第一便是發糧食給災民。糧食種類很多，但以麵粉為最重要。在廣西及湖南的飢餓區域中，約有五百萬人靠這些麵粉維持生命。如何把這些麵粉從分署的所在地發到飢民的手中，是一個很可研究的問題。大概的說，廣西、廣東，及浙江，發放麵粉還是利用自治機構，工作隊只處於監察抽查及檢舉的地位，湖南及江西，則由分署組織工作隊，直接發放。利用自治機構，難免有不肖的鄉鎮保甲長從中取利，但其優點，在辦理迅速，如湖南一省。如利用自治機構，同時可動員五萬餘人，而工作隊的人數還不到四百。利用工作隊來發麵粉，雖然中飽的事可以減少，其弊在緩不濟急。如湖南衡陽縣雖然有二十四個工作隊在那兒發放麵粉，但當我們於六日底離開衡陽時，還有交通不便的七個鄉沒有領到麵粉。我個人的印象，覺得各地的鄉鎮保甲長，在辦理救濟時，還是有良心的多，作弊的確極少數。如各事均絕對公開，並利用民主的力量，弊端可以減至極少。即使有作弊的，也很容易發覺。如衡陽縣致和鄉的鄉長，領了四百五十人的麵粉，只發四百四十人，每人應得七斤半的，他又只發六斤十四兩或七斤，這件作弊的行為，不久便給民眾舉發了。現在這個鄉長還坐在牢內，我們只要規定，在發麵粉之前，鄉長應將受賑者的名單公布，發放麵粉之後，再將受賑者每人所領的數量公佈，鄉長即欲作弊，也是無從下手的。在廣西，連受賑者的名單，在好些縣份裏都要經保民大會通過，這樣產生出來的名單，我想是最公平的。因為在一保之內，誰窮誰富，大家都知道的，他們通過的名單，比任何調查都確實，我們有一次在廣西靈川縣的何家舖下車視察，有一婦人來訴苦，說是同村的人把她面部擊傷，不准她也領麵粉。我們仔細詢問，知道全村中只有三家有牛，而這位婦人便是有牛的一家，同時她的家門口還擺了一個小攤，販賣糖果食品。我們覺得這個村莊中的輿論是公平的，這位婦人不應當受到救濟。

其次，關於衣的救濟，各地的分署多將外人送來的舊衣散發。在散發之前，每將袋中的舊衣分類，至少分為男，女，及孩衣三種。這些舊衣，發到保辦公處之後，每以抽籤的方法，分配給貧苦災民。此外，各地的分署，也有於盟邦送來的舊衣之外，另製棉衣分發的。如湖南分署，曾撥款四千二百五十萬元，製棉背心三萬三千件，分發五十四縣市，又撥款千萬元，製棉大衣發給過境難民。又製棉被一千六百床，發交各難民服務處備用。前幾天，蔣署長廷黻在行總業務檢討會議中，曾聲明一點，即關於衣的救濟，今冬還要大規模的推動，各地的縫紉工廠不久一定要忙起來了。

第三，關於住宅的救濟，最為花錢，最不容易辦得好。廣西的柳州與桂林兩都市，破壞得很慘，所以廣西分署花了三億七千萬元，在這兩個地方建築平民住宅。計劃是很好的，可惜廣西大多數無家可歸的農民，得不到好處。湖南的辦法，比較好一點，他們以四億七千二百萬元，在廿九個縣市中，建築平民宿舍。最可稱道的，還是江西的辦法。我於八月七日，由南城赴南昌的途中，經過臨川，與工作站的萬組長談話，知道他們有為農民建築的農舍，是為農民解決住宅問題的。此事引起我很大的興趣，便走到青雲鄉的濠上村去看正在建築中的農舍。這種農舍的外觀，是很簡便的，茅頂，竹筋泥牆，造價只要十六萬一千元。這種農舍，當然達不到戰前農宅的水準，但農民有此棲身之所。一可不致擠在朋友親戚家中，二可就近耕種田地，使荒田可以開闢，對於糧食增產上也有其貢獻。此後我們在南昌，在高安，都看到這一類的農舍。江西分署給我的數目字，是江西境內共有農舍一三九二棟。在淪陷期內，江西全省被毀的房屋是三十八萬多棟，農舍的建築不過解決房荒問題極小的一部份而已，然而這已是一個很好的開端。

第四，關於醫藥的救濟，各地的分署做了不少的工作，但離滿足需要的程度還遠。我所經過的省份，都有霍亂，都曾發生天花。江西與浙江，鼠疫正在蔓延。至於瘧疾、痢疾、傷寒、腦膜炎，更是家常便飯，到處都有。各縣的衛生院，醫生固然不夠，藥品尤其缺乏。以江西來說，中正醫學院是江西訓練醫生的最高學府，但中正醫學院的畢業生沒有一個肯當縣衛生院的院長的。星子縣的衛生院院長，每月薪水只有一萬四千八百元，另外加公糧一百二十市斤。這樣低的待遇，如何能吸引好的醫生呢？但醫生與藥品，我認為藥重於醫，因為大多數的老百姓，所患的只是幾種普通的病，如有良藥，雖庸醫也可把他們醫好。譬如高安縣有一村莊，村民一百餘人，有一半是患瘧疾的，連我們這些沒有進過醫學院的人，也知道這些人應當吃什麼藥。可是好些縣立衛生院，每月購置藥品的經費還不到一萬元，萬萬無法完成他的任務。現在各地的分署，有的在那兒協助各縣修建衛生院，大多數都在那兒分發藥品與器材給衛生院，但是分署關門之後，買藥的錢又從那兒來呢？這不能不說是我國民族健康的一個大問題。

我回南京之後，有人問我，災區中的民眾，如想恢復戰前的生活程度，還要多少時日？我的答案是：這個問題要分開來答覆。最容易恢復的，是食的生活程度。只要有一兩年的豐收，災區中的民眾，在吃的方面，便可恢復戰前的水準。衣的方面，如想回到戰前的程度，起碼還要五年，住的方面，恢復舊觀，最為困難，起碼要二十五年。

最困難的工作，也最需要政府的協助。我有一個私見，希望政府在幫助民眾解決房災的過程中，同時替各地的衛生事業立下基礎。我提議政府利用善後救濟的機構，在每一縣內，發放二千萬元或更多的房屋貨款。凡欲再建住宅的農民，每戶可以向各地的善後救濟分署借款五萬元，分五年無息歸還。二千萬元，至少可以協助四百家農民修建他們殘破的住宅。這些貨款，歸還之後，便由縣政府、縣參議會，組織一個機關保管，以利息的收入來作衛生院購備藥品之用。這個辦法，如果實行，一方面可以局部的解決目前的房荒問題，一方面也要為各縣的衛生院籌集一部份購藥的基金。在廣西、湖南、廣東、江西四省，淪陷過的縣市共有二百八十四個單位，假如我們在每一單位中貸款二十萬，共需五十六億八千萬元。這個數目似乎很大，但也不過廣西分署在七月前所花經費的總數而已。

我願意提出這個問題來，請留心民眾福利的人加以鄭重的考慮。

九月十四日，於南京。

（原刊一九四六年九月二十日《大公報》）

《劫後災黎》自序

這本日記，是我觀察貴州、廣西、湖南、廣東、江西五省災情及各區善後救濟分署工作的實錄。中國經過了八年多的抗戰，對於人民的生活上，發生了什麼影響，我想凡是留心國事的人都想知道。這本日記裡面，對於戰後的人民生活，粗枝大葉的加以描繪，讀者由此可以知道抗戰勝利之後，我們的老百姓，過的是什麼日子。中國是一個多災多難的國家，自從有史的記載以來，我們的祖先，便不知道經過了多少災難。現在的災難，也許不是空前的，但救濟工作的廣泛和普遍，無疑的是空前的。這些救濟的辦法，富有參考的價值。在這本日記裡，對此也有比較詳細的記載。

我是一個學社會學的人，對於實地調查或研究的機會，是最歡迎的。過去雖常有這種願望，但很少得到這種機會。這次蒙善後救濟總署蔣前署長廷黻的好意，要我替他擔任視察的工作，我因此得到機會，跑了五千多公里的路，走了許多新的地方，看了許多我想看的社會狀況。我願在此對他表示謝意。我的同伴張祖良視察，在整理材料時，給我很多的幫助，也是使我心感的。還有在這次旅行中，各地的分署，供給我交通工具，使我的視察工作，同時是一種快樂的旅行，在戰後的中國，不能不說是一種意外的享受。我對於分署的朋友，以及沿途供給我材料的各位先生，均在此一併道謝。

吳景超　三五，十，十二

劫後災黎

三十五年五月十四日　星期二

我們視察華南各省災區的行程，原定三月底開始的，但是因為交通工具沒有弄好，所以延遲到今天。我們原定的計劃，是到了廣西以後，便由各省的善後救濟分署，供給我們汽車，但自重慶到廣西柳州這一段，還得總署的重慶辦事處，替我們設法。總署在重慶的汽車，多是不能跑長途的，後來總算選了一部一九三七年製造出來的車子，請一位外國專家，加以徹底的修理，前前後後，一共花了五十多天，車子總算開出修理廠了。車皮新油漆了一下，外觀似乎還不差，開到南山去試車，來回也沒有拋錨，於是我們決定今日起程。

上午七點，我與同伴張視察祖良，便乘車離開了重慶，車上除了司機，還帶了一位銅匠，以便沿途發生小毛病時，可以馬上修理。從重慶到綦江，路上還很順利，可是一到綦江，司機發現車子轉動不靈，停下來看，車前的右輪，快要脫下，好幾個螺絲都鬆了。修理了半點鐘，繼續前行，一點鐘到東溪，便在那兒午餐。東溪的街上多乞丐，飯館門前的兩旁，都站滿了。我們的筷子剛放下，便有四個小乞丐，一擁而前，把菜湯殘飯，一齊倒到他們的飯碗裏，司機及銅匠的餘食，則為一大乞丐所獨得。

兩點再起程，五點半抵花秋坪，停一分鐘，觀山景。六點抵桐梓，住中國旅行社。本日行二六七公里。晚飯後去拜訪縣長沈旦，我們談了很多關於縣政的問題。桐梓是貴州的一個大縣，人口有二十六萬。這些人民每年所需的布和鹽，都要從外而輸入。縣長算給我們聽，桐梓的人，每年平均要添置一套短衣褲，每月要吃九兩鹽。一套衣褲，須布一丈五尺，以三百元一尺計，每人須四千五百元，全縣的人口，每年在布上便要花十一億七千萬元。鹽的價格，是七百元一斤，全縣的人口，以每人每月九兩鹽計，全年約需一百八十萬斤，即須支出十二億六千萬元。兩項合計，便要二十四億三千萬元。桐梓的人民，拿什麼東西，去換這些布和鹽呢？縣長說：桐梓輸出的貨物，有木材、青油、小麥、豬及豬油，但這些貨物，每年輸出的數量有多少，價值多少，還沒有人加以統計。

我又問沈縣長，目前他所感到最大的困難是什麼，他說是財政。本年縣政府的支出，最大的項目，便是公務員的薪水及生活補助費。依照中央頒布縣級人員待遇標準，生活補助，每人規定為每月二萬八千元，薪俸加成為八十倍，即此一項，全年支出，便在五億元以上。但是本年的收入，因奉令免徵用賦、軍糧、積穀和員役食米，便要短收三億六千萬元。除此以外，可靠的收入，只有屠宰稅、斗息、公租、房捐等項，統計在一億元左右。收支兩抵，相差約四億元，縣中無財源可開，無論如何，也彌補不了這個缺額。惟一的出路，據說是發行縣公債，但此事是否能夠得到上級機關的允許，還是問題。我翻閱縣政府的預算，最大的收入，是屠宰稅，到了七千八百萬元，其次為房捐，到了三千五百萬元，其餘的都微細不足道。目前縣政府的財政，建築在豬的身上，這是局外人所難想像得到的。

我於民國二十九年，曾因視察各省政務，到過桐梓一次，當時桐梓還沒有縣參議會，但現在縣參議會已經成立了。縣參議會的議事紀錄，以及鄉鎮保甲等自治機構的開會紀錄，我認為是研究中國政治、中國社會問題的人的最好參考資料。我從沈縣長處，借到一本最近桐梓縣參議會的議事錄，順便抄下了下面幾段有趣味的問答：

董議員時敏問：楚米鄉元田壩中心學校，停課已在半年以上，不知縣府知不知道？

劉科長答：教育科因為只有三個督學，本縣地區又亟遼闊，人數實在不敷分配，所以有視導不周之處。剛才董議員所問，縣府實不知道，日內即派人去查。

趙議員興銘問：官倉鎮多數學校，已無形垮台，有些學校業已放假，也不知縣府知不知道？

劉科長答：請趙參議員給我一個書面的通知，以便派人調查。

趙議員興銘答：本席聲明，劉科長囑本人用書面通知官倉鎮學校多未上課一事，實有不能照辦之苦衷，因為平時每當督學下鄉，都先有電話通知。若本席書面通知以後，縣府要派員下鄉考察，仍然是先去電話，各地也仍然上起課來，豈非本席說謊，所以本席聲明，不能照辦。

劉科長：既然趙參議員這樣說，仍由縣政府自行派員調查好了。

這幾段問答：一方面暴露桐梓縣的教育的情形，一方面可以表示民意機關，對於行政機關，發生督促的功用。桐梓的參議會主席在開會時說：我們要督促政府走上賢能之路，決不助桀為虐，應請地方人士放心。近年各縣設立參議會，實在是地方行政最可寶貴的一種收穫。

五月十五日　星期三

早沈縣長來送行，我們於早飯後出發，到遵義午餐。今天汽車給我們的麻煩，比昨天還多。在沒有到遵義時，車底下的拉鋼斷了一根，到遵義電焊，花了一萬五千元，可是沒有到貴陽，電焊的拉鋼又斷了。沿途拋錨了五六次，在貴陽城外，車胎又壞了一個，好在我們帶了備胎，所以下午六點，我們總算平安的到了貴陽，住在招待所，本日行二三一公里。

五月十六日　星期四

上午我們到貴陽會文街三十一號去訪問難民疏送站的主任余立銘及副主任胡玉琨。疏送難民，是善後救濟總署主要業務之一。自從湘桂戰事以後，以徙難民，多集中在貴陽及附近各縣，所以總署在貴陽設立一疏送站，辦理此項工作。貴陽的疏送站，是本年三月二十日成立的，四月一日開始登記難民，十日開始疏送，三十日停止登記。已經登記的，有九千三百六十九戶，二萬四千四百八十一人。至五月十五日止，已送出難民六千一百零三人，疏送最多的一天，公路局開出難民車十八輛，每輛售票三十張，因為小孩是兩人一張票，所以一車所載的人數，並不只三十人。

難民的疏送，由登記調查開始。登記的工作，由疏送站與社會處、省黨部、三民主義青年團、省參議會、市政府等機關合組難民登記調查委員會辦理。委員會在貴陽設立了九個登記處，每處有三位職員，一為疏送站所派，其餘二人，一由社會處委派，一由警察局委派。社會處與警察局委派的職員，是兼任的，每人每日只支津貼千元。登記難民時，以戶為單位，每戶有一張登記表，上載難民姓名、年齡、籍貫、還鄉地點、眷屬人數。難民資格的取得，係憑難民證，如無難民證則由當地保甲長或同鄉會證明亦可。登記以後，難民即得還鄉申請登記證一張，同時疏送站還要派人去實地調查。調查的主要目的，便是觀察難民的家庭狀況，是否真為無力還鄉。調查之後，即行造冊，並公告合格難民姓名，及搭車日期。這種公告，是油印的，貼於疏送站門口，及重要地區。難民看到自已的名字，已在公告的名單之上，便於指定日期，到貴陽公路總站去辦理搭車手續。這種手續，如何辦法，余主任約我們於明天親自到車站中去看。

下午我們到社會處訪周達時處長，據他說，散在貴州各地的難民，當在六萬人以上。除貴陽市已登記二萬四千餘人外，各縣已向省政府報告的，還有二萬四千九百十六人。我看到社會處所製的難民分佈表，大多數都集中在沿公路各縣。除貴陽市外，最多的在獨山，有一萬二千七百三十二人，其次為都勻，有三千八百四十六人。其餘各縣，沒有一縣的難民，是超過千人的。據余主任說，將來貴陽的難民疏送完畢之後，還要在各縣繼續辦理。

五月十七日　星期五

早飯後，余主任即來陪往貴陽公路總站，看疏送難民的實際情形。公路總站，把辦公室劃出一部份來，為辦理疏送難民之用。這一部份辦公室，有三個窗口，在第一個窗口，難民交出他的難民還鄉申請登記證，窗口裏的職員，問他的姓名、籍貫、年齡，以視與原來登記表上所填報的，是否相符。如果符合，便發給難民回籍證。登記證是每戶一張，而回籍證是每人一張，如一戶有四人，即發四張回籍證。難民取得回籍證之後，即到第二個窗口，領取換票證。這個窗口裏面，有兩張桌子。一張桌子邊上，坐著疏送站的職員，他憑回籍證發換票證。他的對面的桌子，坐著公路局的職員，他憑換票證發車票，將來再憑換票證與總署計算票價，由總署直接付與路局，不經疏送站之手。難民得到車票之後，即到第三個窗口，領取食宿津貼。大人每日五百元，十二歲以下的兒童減半，不滿二歲的不發。由貴陽出發的難民，其遣送的終點有四：兩廣的難民，送至柳州與梧州，其餘各地的難民，送至長沙與衡陽。食宿津貼的總數，除柳州以七天計外，其餘各地，均以十天計算，如到長沙的，即發五千元。難民領到食宿津貼及車票之後，便率同他的家小，提著他們的簡單行李，踏上為他們預備的專車，重返他們的家鄉。難民到了終點以後，如還沒有到達家鄉的，由各地的善後救濟分署接送。在公路線上，疏送站還請地方政府，辦了若干臨時招待所，每所由疏送津貼五萬元，以為難民沿途領空休息之所。

在戰爭之後，政府對於回鄉的難民，這樣優待的，我們在中國的歷史上，找不到第二個例子。

我們由公路總站回到招待所之後，貴陽市臨時救濟院院長史上達來訪，並邀我們前往參觀。這個救濟院，收容難民，最多時曾達五百餘人，現在還有一百二十人。這一百二十人中，在農場工作的有二十餘人，在印刷部工作的有十二人，在洗衣部工作的十一人，在豆腐坊工作的八人。餘下來的，多為老弱殘廢，其中缺足的，多係在逃難時凍傷，醫生為保全他們的性命，不得不將雙足割去，此輩非短時救濟，所能解決其問題。史院長辦此機關，過去的經費，靠國際救濟協會供給。現在供給停止，因此這個機關，如何維持下去，大成問題。我曾問社會處的周處長，省府方面，是否要以設法。他說本年度貴州省政府的救濟經費，只有一百萬元，另向社會部請求事業費七千萬元，尚未批准，所以他對於這個臨時救濟院，也是毫無辦法。我於數年前，曾寫了一篇文章，在社會部所辦的刊物中發表。文章的大意，是說福利事業，花錢很多，中國的人民，大多數是窮的，他們每年的收入維持最低的生活程度，還有困難，決拿不出許多錢來辦福利事業。貴陽市臨時救濟院的難於維持，證明我以前所說的話，並沒有錯。

五月十八日　星期六

今日離貴陽往柳州，行至十四公里處，遇到一個高坡，因雨後泥濘，車子用盡了力量，總爬不上去，後來連馬達也不動了。司機與銅匠合作，花了幾點鐘的工夫，也沒有法子使車開動。最後，無可奈何，只好請司機搭便車回貴陽請救兵。經濟部器材總庫的盛主任今傑，是我多年的同事，承他的好意，派了一部卡車來把我們的汽車拖回貴陽修理。我們回到貴陽時，已是下午六點了。這次重回貴陽，即借宿於器材總庫。車子經檢查的結果，證明是時規鏈條損壞了，修理一下，起碼要四天。我們為了修理這部車子，已經在重慶等候了五十多天了，現在只好再耐心等四天罷。

五月十九日至二十二日　星期日至星期三

在貴陽候車四天，沒有別的事做，只好遊覽名勝，看書，談天。

五月二十三日　星期四

今日汽車修好，九點我們離開貴陽，與盛主任夫婦告別時，我說希望這次出發，可以順利的到達柳州，不要中途再又折回，他們也揮手說南京見。可是行了二十四公里，到涼水井時，我遇到了生平乘車的最大危險。涼水井是一個村莊，約有十餘戶，在一山坡之上。汽車行至山坡之巔，我忽然看見車前的左輪，已經脫筍飛出，繼著便聽到輪盤碰到地面的磨擦聲，司機也知道出了事，只好任其上前直衝，車子在三個輪胎上開行了約百碼，始行停下。好在路是直的，路上也沒有窟窿，得免翻車之險。我們下車來審查，沒有輪胎的那個輪盤，已經磨壞了。輪胎落在田裏，零件十餘種，盡散在路旁。司機與銅匠，先找失落的零件，有兩三件重要的找不到，原來給村中的小孩拾起，收藏起來了，結果還是由司機拿出兩千塊錢，才把它們贖回。很顯然的，今天已無法繼續前進。我們一方面打發司機把損壞的輪盤拆下，帶回貴陽去修理，一方面考慮今天的食宿問題。食的問題，比較簡單，因為我們帶了美國軍隊中所用的乾糧。宿的問題，我們知道在貴州的鄉下，不能存什麼奢望，只能在當前的環境之下，設法作最好的安排。我們從村頭巡視到村腳，最後選定蕭伯生的家，作我們今晚的宿舍。這一家庭，共有五口，蕭的妻及岳母，另有一子一女。他們茅屋，共有兩間，隔為四小間。左邊的兩間，蕭伯生自用。右邊的兩間，前面賣飯，後面一間，擺了兩個床鋪，鋪上有稻草，稻草上面，放著一條破爛不堪的絮。這就是我們今晚的宿舍，銅匠把我們的鋪蓋從汽車上取下來，我們沒有工夫來審查破絮上是否有虱子，便把自己的鋪蓋放上去。

我們把鋪蓋放好，便到外間的飯桌邊坐下，與蕭老闆的岳母閒談。他是貴陽人，轟炸最厲害的一年，家中炸光了，只好逃到涼水井來住家。他一共生了十一個小孩，有一個男孩，十六歲就跑開了家庭，至今毫無消息，如活著，該有四十多歲了。其餘的孩子，都生病死了，只留下一位姑娘，就是蕭老板的太太。這位老板娘，與隔壁的一位新娘子，是涼水井全村中，不穿打補釘衣服的人。其餘的人口，男女老幼，沒有一個人的衣服，是沒有補釘的。隔壁新娘子，年才十五歲，父親山東人，母親安徽人，還有一位弟弟，不過十歲。他的父親，在鐵路上工作。因生活艱難，所以在二十天以前，便把女兒嫁給一位在公路局道班房做工的湖南人為妻。他們在涼水井所租的茅屋，月租是二千元。

涼水井的惟一公共機構，便是小學校，設在一個破廟裏。教員住在另外一個村莊中，據說一星期只來教書兩三天，今天便沒有來。我們看廟裏擺著四張桌子，一塊黑板。學生名簿上，登記了有三十幾位，我們看不出這四張桌子，如何可以容納三十幾個學生。守廟的一位老頭兒，在天還沒有黑便上了臥榻。我們敲開門來參觀，問他先生明天來不來，又問他這樣那樣，他的答案是一律的，便是「不知道」三個字。

五月二十四日　星期五

昨晚睡得很壞，一因房中霉氣太重，二因身上癢得厲害，不知是跳蚤還是白虱在那兒作怪，三因蕭老板似乎兼做走私生意，半夜來了許多人，把房中一包一包的貨物搬出，僱了騾馬，馱進城去。天還沒有亮，又有人來敲門，把卡車上的貨卸下來，搬走的與卸下來的是些什麼東西，我們不是稅吏，所以也沒有仔細打聽。一天亮我們就起身，吃了三個雞蛋，一碗粥湯。雞蛋比重慶的還貴，每個八十元。我們在板櫈上坐著，看老板的岳母，預備今天的菜。到這兒吃飯的僱客，盡是些過路的擔夫，每吃一頓飯，取費五百元，菜是隨便吃的，不另取費。今天預備客人下飯的菜，共有五碟，一碟豆豉、一碟炒豆、一碟蔥炒包穀、一碟蔥炒水筍、一碟炒辣椒。

我們等候到十點，司機從貴陽回來了，磨壞的輪盤已經修好，安裝如式，已是十一點二十分。一點三刻到龍里，我們便在那兒午餐。五點到馬場坪，宿中國旅行社招待所。馬場坪離貴陽一一五公里。

我們休息片刻，便往訪西南公路局馬場坪站長邢先生，又到筆山鎮公所晤羅主任，詢難民過境招待的情形。據云：鎮公所可以白住，如住旅館，經鎮公所介紹，可以八折計算。吃飯由鎮公所介紹至各飯店，一飯一蔬菜，大人收費二二〇元，小孩收一二〇元。

馬場坪雖是交通要道，但幸未淪入敵人之手。前年湘桂戰事緊張時，難民大批的過鎮，因此而發生的損失，據羅主任估計，也在四億元以上。損失最大的是糧食，其次為房屋中的傢具。逃避時是冬天，傢具多為難民用作柴燒，藉以取煖。糧食都給過境的難民吃光了。雖然如此，當時難民因凍餒而死的，還是數見不鮮的事。現在事過情遷，市面頗為繁榮，並無受災情象。鎮公所的辦公人員，待遇頗低。據羅主任說，他每月只得米二老斗，月薪二千元。去年所得更少，每月只有九十元。

五月二十五日　星期六

早九點出發，行三十二公里，汽車又發生毛病，停車檢視，知道車前左輪的輪軸（羊角），已經斷了三分之二，如再開行，一定會發生翻車之險。這部舊車，潛在的毛病太多，平時工作不繁重，缺點暴露不出來，現在跑上長途，缺點便都一一暴露。我當時心中便決定不再坐這部老爺車了，到柳州還有好幾百里，我們非另想辦法不可。司機的打算，是想把輪軸取下，帶到獨山去修理，修理成功，還請我們坐原車到柳州。在拋錨的地方等了半天，果然來了一部商車，我們便做了黃魚，於五點到獨山，本日行一一五公里。

到了獨山，我把決定告訴了司機，要他把車軸修好後，仍把車開回貴陽或重慶，我們另搭商車到柳州。

今天我們第一次走到曾為敵人淪陷的區域。前年十一月底及十二月初，敵人進犯黔南，據貴州省參議會的報告說，那時敵騎踏遍獨山、荔波、三都、都勻、丹寨五縣，焚掠之慘，史無前例。我們今天拋錨的地方，離都勻縣城約二十公里。過了都勻以後，沿馬路上的房屋，便呈現出毀燬、破爛，以及臨時修補的現象。有許多房子，破牆還屹立著，但上面已無瓦蓋，地基上長的是青草。新的房子，多是泥牆，茅頂，磚牆瓦頂的不多見。除了破壞的房屋最為刺眼以外，最足表示地方上的災情的，便是荒田。沿馬路的荒田，我們看到很多，但畝數無法估計。我們一到獨山，便去拜訪劉仰方縣長，承他的好意，請我們就住在縣府裏面，並由他介紹，我們還見到參議會的議長張秉國，及二區專員周希濂。綜合大家的談話，我們知道敵人於前年十二月二號到獨山，五號便離去。雖然在獨山縣只停留了幾天，但沿鐵路公路，及公路線附近十里至三十里，都被騷擾。縣城的房屋，有百分之九十五以上被燬。收復之後，谷部長帶來五百萬賑款，原是為救濟難民之用的，但當時的孔縣長，挪用了一百五六十萬元，購置軍糧，交給駐軍充飢。蕭縣長接任後，又因墊付軍隊副食費，支用了一部份。到了劉縣長接事時，餘下來的款子，只有二十萬五千元。這二十萬五千元，應當如何利用，以救濟災民呢？縣長已將這個問題，交給參議會討論，還未得到答案。谷部長來過之後，第二個中央機關來的，便是善後救濟總署設立的黔南辦事處，去年三月間成立，至十月間撤消。辦事處在獨山所做的工作，一為遣送難民，每人發數千元。二為施散醫藥，有兩個外籍醫生，曾在此工作三個月。三為辦理耕牛貸款，乃是辦事處與上海銀行合辦的，只放了二千四百萬。貸款不收利息，一年之後歸還。現在人民所需要的，一為房屋貸款。我問縣長在獨山蓋一間房子要多少錢，他馬上請了一位包工的來加入談話。據這位包工的估計，蓋一間房子，磚要十六萬八千元，瓦要七萬元，木料要八萬元，門窗要十二萬元，洋釘要一萬二千元，石灰要四萬元，另加工錢十七萬元，總數是六十六萬元。假如建築不用磚瓦的茅舍，花錢要少得多，但也要二十萬到二十五萬元。除了房屋貸款之外，人民所需要的，是小本借貸。獨山的利息，每月是百分之二十，利息在付本時扣去。假如政府能辦低利或免息小本借貸，人民必很感激。第三，耕牛貸款，最好還要續辦，現在一條牛約值六萬元，許多農民買不起。第四為醫藥救濟，獨山縣的衛生院，每年只有經費二百萬元，現在院中有院長一人，醫生三人，看護十，所有經費，還不夠醫務人員的薪津。黔南辦事處存在時，衛生院還可以不花錢得到藥品，現在藥品已用完了，但生病的人，還是很多，所以須要繼續救濟。

五月二十六日　星期日

早五點半即起，縣長送我們去上車，發現昨日帶我們到獨山的商車，受了我們司機的慫恿，沒有向我們索取車費，於天未明時，便開走了。我們的司機，希望我們還是坐自己的車，讓他也可以早日還鄉。但是我們的志已決，不肯再拿生命來冒險。縣長同意我們的主張，便打電話到離獨山三十公里的上司鄉，要鄉長把我們昨日坐來的商車擋住，同時我們另外搭車趕到上司，終於坐上了昨日的商車。九點由上司開行，到南寨時，有警察上車查米，因貴州米價較廉，省府禁止出口。行至三〇〇公里路牌處，出貴州，入廣西境，饅頭式的山峯，已呈現眼前。十點三刻到六寨，下車飲茶。我們前數年過此時，曾在此午餐，記得當時市面繁榮，不愧為黔桂交界的大市鎮。現在此鎮幾乎全燬，恢復的房屋，不到五分之一。下午一點抵南丹縣，我們去拜訪縣長，沒有遇到，只會見李主任祕書，及參議會的莫議長。南丹縣於前年十一月二十八日淪陷，十二月十二日即收復，縣城中的房屋，損失約四分之三。善後救濟總署的廣西分署，在此曾發急賑款二百五十萬元，種子肥料賑款二百萬元，耕牛貸款五百萬元，以及麵粉十五噸。此外還撥了一百二十萬元，修復縣立衛生院。在發放急賑款及麵粉之前，由村街保甲長調查貧苦無告的災民，列一清冊，由社會救濟事業協會，派人複查。社會救濟事業協會，是廣西各縣市都有的組織，有委員七人至十一人，由縣長聘請地方行政機關首長及熱心社會救濟事業之中外人士組織而成，縣長任主任委員，參議會議長任副主任委員。複查之後，便根據名單發賑，災民每人曾得麵粉八斤，急賑款千元。種子肥料賑款及耕牛賑款，是通過合作社辦理的。晚至河池，宿大華旅館，本日行一八一公里。

五月二十七日　星期一

早起即到河池縣府，縣長出差未遇，遇到秘書廖德文，及第一科長葉萬機。據說敵人於前年十一月二十一日到縣城，去年五月二十一日才行退出。在淪陷期內，敵人將一部份房屋燒燬，一部份拆去木料做工事。河池縣十八個鄉鎮敵人都到過，沿公路的房屋，幾乎燒光。在淪陷期內及收復之後，人民所受的痛苦，我們從檔案中看到九墟鄉公所去年六月的呈文，可以為例。呈文說：

穀米已被敵寇搬食糟踏殆盡，牛隻被擄，田地丟荒，無物變賣，以購耕牛。加以無米為炊，筋骨無力，難以勞作。告貸無門，採野菜以充飢，大人猶可，小兒難支，號寒啼飢，為父母者，仰天長歎，坐以待斃而已。且自去冬我軍屯駐本鄉防守以來，迄今半載，初則一三一師，繼則一八八師，完納三十三年度田賦，供應不足，繼以徵借七萬五千市斤，仍不足，二次又借十萬零五千市斤。人民憤敵寇之壓境，忍痛輸將，如額籌送。又不足，始奉令鄉村長代購，由部隊按照市價給予代金，然名則為購，實則仍徵，不聞代金之給予，質之主辦者，則以上峯未發為詞。區區九墟之地，人民所藏穀米，敵寇搜掠未盡之穀，我軍一至，復將餘糧搜括搬去。倉徒四壁，室如懸磬，人民敢怒而不敢言，向隅飲泣而已。

這篇呈文，告訴我們九墟的災民，需要救濟，同時也說明，他們的痛苦，是誰給帶來的。河池收復之後，省政府撥了救濟費百萬元，以全縣十一萬人口分派，每人得不到十元。另外撥了修建費百萬元給各機關，但縣政府的開辦費及修建費，便需一千五百萬元。除省府所給的款項外，當地紳士樂捐四百萬元，還差一千萬元，由縣政府在預算內節流開支。

黔南辦事處成立時，也兼辦廣西收復各縣的救濟。辦事處曾辦磚瓦業貸款二百萬元，發了五噸種子，派醫療隊來辦理衛生工作約兩個月。地方人士，曾請款五百萬元，辦理平糴，後因米源無著落，將款退回。

廣西分署成立以後，曾撥衛生院修建費一百二十萬元，還有一百二十萬要來。除此以外，還給藥品。小學修建費已領到二百萬，還有二百萬可得。急賑款領到三百萬，發給鰥寡孤獨及絕糧的平民，每人可得千元。麵粉三十噸，發與本縣災民，每人可得十斤。種子肥料賑款二百五十萬，由合作社經辦。耕牛貸款五百萬，由中國農民銀行辦理，以合作社為對象。

我們於十二點離河池，走了三十八公里到三江口。這兒候渡過河的卡車，已有七八十輛，但渡船以公路局未發餉，工作情緒極低，今天十點鐘才開始渡車，到了下午兩點，只渡過七部車。在我們前面的司機說，你們在此渡口，起碼要候四天。我們看看路旁的環境，覺得在此過夜，未免太苦，便跑到前面去相機設法。我們跑到最前面，看到等候過渡的第二部商車，似乎還有空位，便同車主商量，請其准我們搭車。邵老板聽說我們是出來看災的，便答應了我們的要求，於是我們便僱挑夫，把我們的行李，由原來的商車上取下，搬上邵老板的貨車，一共在渡口只停留了兩點鐘。過了三江口後，還有懷遠一個渡口，但這兒有兩條渡船，輪流往返，而且滯留的車子不多，所以我們一到便可過渡。邵老板的車，原定今天住大塘的，他要我們到大塘換車到柳州，因為他的車是往廣州灣開。下午五點到宜山，車上的鋼板壞了，須在宜山過夜修理。我們便到縣政府去，會到蕭抱愚縣長，他要我們住到縣府，並答應替我們另謀直達柳州的交通工具。

本日共行一〇一公里。

五月二十八日　星期二

早起讀蕭縣長的建設新宜山六年計劃。這個計劃，包括政治、經濟、文化、交通、營建、保健、警衙七項建設。蕭縣長擬有建設計劃綱要，及建設計劃分年實施大綱。他說如照他的計劃去做，六年之後，人民的生活，可提高九倍。我問他如何達到這個目標，他的答案是很簡單的。據他的估計，宜山縣人口三十餘萬人，實際事生產工作的，只有四萬。他要在六年之內，分期購定一萬五千匹馬力之各種機器，以每匹馬力等於二十四個人計，一萬五千匹馬力的生產力，等於三十六萬人。現在只有四萬人生產，將來加上機器，等於添了九倍四萬的人生產，生活程度，不是也可以提高九倍嗎？我說這個理想，非常可以佩服，因為我遇到政界的人甚多，還沒有碰到一個，是以提高人民生活程度，為其施政目標的。不過他的算法是未免過於簡單，提高九倍，決非六年內可以辦得到的事。縣長還有許多單行的計劃，其中有一個宜山縣改良住宅六年計劃，尤其使我注意。因為住宅改良，乃是高生活程度國家中的人民所注意的問題，像我們這種低生活程度的國家，人民所注意的問題，乃是衣食，還想不到住行。縣長說宜山人民的生活，尚有如中古時代，甚至上古時代的。就中住屋一項，最為落伍，不合衛生，不宜工作的，極為普遍。人畜同居，隨處可見，架木為巢，亦曾發現。所以他畫了許多住宅圖樣，要人民遵照改良，新宜山的縣衙門，便是照他的新圖樣修建的。縣府職員的住宅，也是新式的，質樸合用。他並且主張，改建新住宅，以用各家原有舊材料為原則，我視他的希望可以實現。

我們於討論建設新宜山的計劃之後，便與縣長的幹部，檢討宜山的災情及救濟工作。宜山是前年十一月十四日淪陷的，去年六月十四日收復。在淪陷期內的損失，縣府供給我們的統計是：房屋二二，〇〇〇棟，黃牛二二，〇六〇頭，水牛八五〇頭，農具六四一，四九一件，稻穀八五，〇〇〇擔，玉米五，〇〇〇擔，黃豆三，〇〇〇擔。像這一類的統計，我在別縣也看到過，但我對他總是懷疑的。我們對於一縣裏有多少人口，現在還沒有數清楚，如何能回得出黃牛水牛的數目？各縣的統計，還有一個毛病，就是缺乏比較的材料，因而我們無法判斷統計的意義。譬如說宜山在淪陷時損失了黃牛二萬餘頭，為了解此種數字之意義，我們必須知道黃牛在淪陷前共有多少頭，兩相比較，我們才能知道損失的百分數，因而判斷損失的大小。單獨的數字，給我們的知識是很少的。但淪陷前的數字，許多縣政府連估計也沒有。

廣西分署在這兒的工作，一為發急賑款三百五十萬元，鰥寡孤獨，每人可得一千二百元至一千五百元。二為發麵粉五十噸，飢民大口得十斤，小孩五斤。三為發放種子肥料賑款五百萬。四為辦理耕牛貸款千萬元，由二十五合作社承貸。五為撥付修建小學第一期款二百萬元，第二期可得四百萬元。六為撥付修建衛生院第一期款二百萬元，省立宜山醫院款三百五十萬元。七為撥付水利工振款三百萬元。除此以外，省政府曾撥款一百二十萬元，救濟難民。縣政府也組織了救災運動委員會，在縣城開辦粥廠，每日就食的有五百人，多有從三十里外跑來吃粥的。縣府對於商人，還辦了小本借貸二千萬元，以為恢復市容之用。所以宜山的房屋，雖然給敵燒毀了許多，但大街上的居屋，有欣欣向榮之象，這是南丹河池所看不到的。

下午中央銀行的黃經理供給我們汽車，縣長親自駕駛，領我們去參觀離縣城約三公里的下官壩。此壩為日人所破壞，花了百萬元才修復，可灌溉水田千餘畝。壩的附近，有一南山寺，是宜山縣的一個名勝。寺後有山洞，曾利用為軍火庫，藏有防毒面具及迫擊砲彈，國軍退卻時，自行破壞，所以南山寺已經變成一片瓦礫場。由南山寺回來後，我們又去參觀省立慶遠中學，校舍破壞很重，無圖書儀器，無桌，只以土磚堆砌成柱，上置木板，以為書桌。學生晚間自修，每人都要自備油燈。

原定明日搭郵車赴柳州，但郵政局長來談，明日郵車無班，乃打電話通知廣西分署，請其明日下午派車來接。

五月二十九日　星期三

早起參觀縣立衛生院，該院修復後，現有正房一座，分為候診室、內科室、外科室，及藥房。另有病房一座，計頭等兩間，各一床，日收八百元，但無鋪蓋，病人入院的，須自己帶鋪蓋，現住一產婦，一患惡性瘧疾的病人。二等房兩間，每間有三床，每床日收六百元，但無一病人。另一房為辦公之用。現在計劃擬再建病房一座，可容十二人，另手術間及隔離室一座。縣府本年度的預算，有衛生院建築費五百萬元，另外廣西分署已補助二百萬元，勉可夠用。該院編制，有院長一，月薪二百六十元。醫師四人，每人二百二十元。另有公共衛生護士一，護士四，助產十三，實習護士二，藥劑士一，衛生稽查二，檢查員一，衛生助理員二，事務員二，雇員二，公役九。但因衛生院經費，本年度只有二，一〇八，四六〇元（生活津貼不計），所以無法將額內人員用足。據院長估計，該院每年須有經費千萬元，始可應付局面，但將衛生院經費，在縣預算內，提高五倍，目前為不可能。

我們於參觀衛生院之後，又往參觀縣立表證中心學校，有教員三十三人，學生八百餘人。學校修建費，已用去縣款四百萬，廣西分署款二百萬，但實際需要，在千萬以上，現在只修復了一半。另外參觀一私立鐵城小學，係婦女會主辦，教員除五人外，餘均義務職，有學生三班約百餘人。縣長告訴我，縣立小學教員，每月可得津貼二萬元，薪水加成一百倍，另外還有每月三十斤米貼。現因米收不到，錢無著落，已有七個小學提前關門。縣長為提倡求學的風氣，已在參議會通過一議案，凡中學生分數在八十分以上的，可得獎學金三萬，大學生可得公費十五萬，留學生可得公費三十萬。本年度預算，已列大學以上學生獎學金四百五十萬元，中學生獎學金三百萬元。這種辦法，對於縣內的窮苦學生，無疑的是一種鼓勵。

下午三點，廣西分署派一吉普車來接，自大塘至柳州，公路極壞，路中大小窟窿，很多都沒有填補，有一處的窟窿，大而且深，司機因為天雨沒有看清楚，車輪陷入，把玻璃震破了一塊。吉普車在大雨中行走，人與行李，完全打濕。抵柳州後，住皇后飯店，本日行一二〇公里。

五月三十日　星期四

上午廣西分署黃署長榮華來會，並派庶務課孫課長光濤來，將行李搬至職員宿舍中居住。我又向黃署長要求分署的各種規章及業務旬報，預備在與各主管人員談話之前，將分署的工作得一鳥瞰的認識。

五月三十一日　星期五

與振務組主任黃嶸芳談話，所得要點如下：

(1)遣送難民，為廣西分署主要業務之一。此種工作，在柳州由分署直接辦理，在桂林由分署的辦事處辦理，在梧州由難民轉運站辦理，其他各地，委託地方政府機關辦理。在柳州設難民登記總站，在桂林設分站，隨時登記審核，合乎標準的，一面設所收容，一面遣送回籍。凡屬湘鄂及華北籍的，由柳州轉送衡陽，其屬粵籍的，則運送梧州，由轉運站託廣東分署西江難民輸送站接運回粵。途中膳食，每人日發食米一斤，菜金百元，或發給米菜代金三百元至五百元，十二歲以下小口減半，三歲以下嬰孩免發。被遣送的難民，在出發之前，可暫住收容所中，還有無家可歸的難民，則長期住在收容所內。柳州的難民收容所，有寢室五，可容難民二百餘人。柳州還有兩個機關，均與收容難民有關，一為救濟院，收容了兒童及鰥寡一百七十三人，一為難民寄宿舍，可容六十五人。難民中可以自立謀生，但晚間無處容身的，寄宿於此。但分署對於此項難民，並不派發給養。桂林的難民收容所，規模較大，可住難民八百餘人。

(2)緊急救濟，主要者為現款急賑及糧食急賑。現款部份，曾發急賑款一億元，分散於三十一縣市，得款最多的，如全縣，有六百萬元，次如柳江、貴縣、桂平，各得五百萬元，最少的如扶南、上金，也各得二百萬元。糧食急賑，已辦理兩次，第一次分發麵粉二千噸，第二次分發麵粉一千五百噸，食米一千五百噸。配發的對象有四，一為本署及所屬機關收容之難民，二為已經立案之慈善機關，三為公私舉辦之社會事業，如方便醫院，兒童教養院，托兒所等，四為受災慘重貧苦無告之災民。各縣市所得的糧食急賑，其多寡視災情輕重及人口多寡而定。得賑款多的，是桂北受災最重的三縣，如全縣得六百二十噸，興安得三百七十噸，靈川得二百噸，最少的也得到十噸，如興業縣。與糧食急賑有關的一種工作，就是在都市中協助辦理平民食堂。此事在梧州辦起，二月間分署因為梧州國際救濟分會辦理的平民食堂，頗有成績，因撥麵粉二噸，交該食堂試辦免費供給難民麵食。柳州方面，分署於三月間，每日撥麵粉三百六十六斤，託華僑餅家代製免費麵包，及平價麵包，以救濟柳州市貧民。又於四月起，協助柳州社會服務處辦理柳州平民食堂，分署撥給開辦費一百五十六萬元，並每日撥給麵粉四百斤，製售平價麵食。現應省府的請求，決定在桂林、梧州、南寧，各設平民食堂一所，辦法與桂林市相同。

(3)衣服救濟，除由分署發放自製棉衣一千件外，主要的工作，是配發舊衣。這種由盟邦送來的舊衣，廣西分署配到四千袋，其中一百袋於二月底運到柳州。總署規定，舊衣須先行整理，方可分發，因每袋內的衣服種類，並不整齊，各式都有，所以先與聯總駐廣西區人員組織舊衣整理委員會，於三月開始整理。經整理的，陸續分發無衣的難民，以及育幼院，兒童托養所等機構。

(4)房屋救濟。廣西的房屋，被敵人毀壞的共二十九萬餘間，分署對於房屋的救濟，首重衛生機關，各縣市小學校，慈善福利機關的修復，並在都市中建築平民住宅。在分署已經分配的五期業務費中，第一期曾撥一億二千八百萬元，修理省立醫院及各縣衛生院，撥九千萬元修復各縣市小學校舍，撥五千萬元建築桂林柳州兩市平民住宅。第三期業務費中，曾撥一億零三百萬元，協助省立醫院，衛生試驗所，縣立衛生院等修建房屋，撥二億零三百萬元，協助受災各縣市修復小學校舍，撥五千萬元，恢復省辦社會福利機關之房屋。第五期業務費中，有三億二千萬元，係增撥桂林柳州二市平民住宅修建費，另有八千萬元係協助各慈善福利事業及廣西農事試驗場各區農場建築房屋。

(5)農業救濟。農業救濟的目標，是協助農民增加生產。分署在這一方面的工作，一為種子肥料賑款，第二期的業務費一億四千萬元，完全用在這個上面。發給的對象，一為確屬受災最貧苦農民，無力購買種子的，二為確屬受災最貧苦農民，尚有種子，但無力購買肥料的。第一種人，享有優先權利，有餘款時，才發給第二種人。發放的方法與發放糧食不同，因為此種賑款，乃是通過合作社，發給農民的。縣府得到賑款後，如當地有合作金庫，就委託金庫辦理。如無此種機構，則由救濟協會主辦。呈請此種賑款的，非個人而為合作社。廣西在去年年底，共有合作社一三，六六四個。合作社先徵詢社員的需要，得一總數之後，即向金庫或協會請款，經審核後發放，每戶約得數百元至三千元。此項賑款，原擬發給實物，但實行時感覺困難，因為各地農民的需要，並不一律，如由分署統籌發放，手續極為複雜，所以結果是以現款發給合作社，而合作社購買實物，發給申請的社員。根據各地的報告，這次賑款幾乎完全是用以購買種子，因為肥料不易購得，現在分署已向農林部，及廣西省政府合辦的骨粉廠，以二千萬元定購骨粉，此舉可以協助骨粉廠復工，將來出貨後，即以骨粉分發各縣。農業救濟的第二種工作，是耕牛貸款。根據省政府的報告，廣西共損失耕牛四八一，〇一六頭，此項鉅大的損失，不是短時期內所能補充的。現在中國農民銀行，已在廣西辦理耕牛貸款，分署在第四期業務費中，有購買耕牛，配發災區緊急救濟費五千萬元，為數無多，只能集中在幾個縣份裏面辦理。第三件工作，是水利工賑。分署在第一期業務費中，有農山水利費七千六百萬元，辦理八項水利工程，第四期業務費中，也有八步水利工程增加工程費一千萬元。實際各地所辦的水利，其價值當超過此數，因為分署所頒發配給各縣市局救濟糧食使用辦法中，曾規定各縣市局，可以利用麵粉，以工代賑，辦理小型水利，如掘塘之類。

分署辦理賑務工作的外勤機構，便是工作隊。廣西分署，最近成立了六個工作隊，分駐桂林、平樂、柳州、梧州、南寧、龍州等處。工作隊的編制，是隊長一人，股長四人，分掌賑業、衛生、供應及總務，幹事一人至三人，護士六人至十人。工作隊的任務，一為執行分署所分配各縣市之賑款物資，使直接達於應受救濟之災民，獲得實惠。二為與各縣市社會救濟事業協會，及地方慈善團體，能力合作，發動當地之人力物力財力，完成災民之救濟，及地方之善後工作。第三，所有救濟之款項及物資，如分署規定須由工作隊直接發放的，必須切實遵照辦理。第四，所有救濟之款項及物資，如分署規定，可由當地社會救濟事業協會配發的，由各該協會辦理，但工作隊須負監督之責。第五，工作隊應隨時將各縣市實際災情，及大多數民意，據實轉達分署。第六，醫藥衛生人員，須為當地民眾醫治疾病，防疫注射，辦理環境衛生等一切醫務工作。

我們與賑務組的負責人員談話之後，又去訪問儲運組。儲運組的主任陳開，在廣州的時候多，因為總署發給廣西的物資，都由廣州轉運，所以他要駐在那兒督促。我們會到副主任李啟乾及科長張國經。從談話及報告中，我們知道廣西的梧州，是分署接收物資的總口。分署在梧州、平樂、南寧，及龍州，分署也設有儲運站，作為鄰近各縣的配運中心。現在廣西救濟物資的運輸，大部份是靠水運。由梧州出發，水運可分為撫河、柳河及邕河三大路線。由撫河上駛，可到平樂及桂林兩儲運站，由柳河可到柳州儲運站，由邕河可達南寧及龍州儲運站。物資到了儲運站後，即由各儲運站以迅速方法，通知各縣，前往領運。但車船可以直達的各縣，可由儲運站負責運送，運費亦由分署擔負。車船不能到達之地，則以人力搬運，採用以工代賑辦法，每工發給麵粉二市斤。

六月一日 星期六

上午拜訪廣西分署的衛生組主任甘懷杰及副主任李光宜，知道分署在廣西的衛生工作，共有四項。一為協助各大都市恢復醫院的機構，分署現正協助省政府在桂林、柳州、南寧、梧州四大城市，恢復四所較完備的省立醫院，另外修復龍州、平樂、宜山較次之省立醫院三所。二為協助受災各縣恢復衛生院，除補助費費外，還發給他們藥品及器械。分署所得藥品及器械，有下列的幾個來源：(1)中國紅十字會，(2)接收美軍軍醫院物資，(3)美國紅十字會，(4)行總。其中由行總撥來的，數量還不很多，不到百分之五。三為醫療救濟。分署在柳州設有難民醫院一所，現有病床一百張，醫藥伙食，完全免費。工作隊的醫療衛生人員，在桂、柳、邕、梧等處及黔桂湘鐵路沿線，實施免費治療工作，又成立巡迴醫療隊二隊，擔任經常巡迴醫療工作。四為防始疫癘。本年在廣西流行的疫癘，為霍亂與天花。霍亂於三月十一日，在廣州開始流行，三月底梧州曾有數例發生，四月二十一日起，霍亂在梧州開始流行，至五月初為最高度。總共自流行之日起，至五月十九日止，共收容霍亂病人三三五人，死亡八〇人。自五月十五日起，派兵在各挑水碼頭，為飲水消毒，自該日起霍亂即稍減少，但未完全停止，二十一日起，加設十二個消毒站。除梧州外，龍州、憑祥、桂平、藤縣、南寧，於五月內，都電告發生霍亂，工作隊已在疫區作霍亂防疫注射。天花自二月二十七日起，至最近止，已有三十縣報告發生，現發出牛痘苗三十萬人單位，據各處衛生機關報告，種痘的已在十五萬人以上。除霍亂天花外，回歸熱曾在修仁地方法院看守所中流行，死亡六人，經派員前往防治，證明確為回歸熱，立即治療病人，並為全體犯人五十六名，作滅蝨工作。為防止各地犯人發生同樣傳染病起見，已將D.D.T.粉分發各法院，每院一百磅，為犯人滅蝨。桂林及柳州，設有滅蝨站，為難民滅蝨。

下午參觀難民醫院，柳州省立醫院，及分署與中國紅十字會合辦的診療所。柳州省立醫院的診所及病房，建築已完成。大病房二，每房可容十六人，小病房二十，每房一人，必要時每房可容二人。難民醫院與省立醫院兩機構，一共可容病人一百七十二人。診療所沒有病房，每日門診約二百人。我們又看難民收容所、救濟院，及難民寄宿所。難民管理科黃嘉謨，給我一些關於難民遣送的統計。由柳州起運的難民，至五月底止，共九，三〇七人。由桂林起運的，共四，九一三人。由南寧起運的四二四人。桂林與南寧的統計，均至四月底止。此一四，六四四難民，至衡陽的八，三八四人，由湖南分署接運；至梧州的五，一八一人，由西江難民接運站接運，至南寧的一一五人，至玉林的二十人，至南丹的五人，其餘的步行回到省內不通船車的家鄉。

六月二日 星期日

早十點出發離柳州，廣西分署多人同行，他們都是到桂林去參加善後救濟審議委員會的，只有顧問黃緯芳，負責送我們到湖南。我們因為鑒於自宜山到柳州時，行李被雨打濕，所以拖手提箱與舖蓋，都加上一張油布，希望不會再受損失。抵三門江時，還沒有到十二點，因渡船罷工，到三點才過江。到雒容縣時，因雒清河水太大，渡船已停工二日，乃投縣政府借宿，本日行二十五里。

雒容縣於前年十一月八日淪陷，去年七月六日收復。戰前有人口五萬餘人，現在只有四萬五千人。去年所種的田地，據說只等於戰前的三成，所以今年從二月份起，便發生糧荒現象。二月份有一萬人靠野生食物度日，三月份加至一萬八千人，四月份加至二萬九千人，五月份情形相仿。目前縣中的飢民，等於全人口的三分之二，他們吃水葶薺、水慈菇、石頭菜、蕨根。餓死的已有三十人，縣城發現棄嬰，已有三次。

廣西分署在雒容縣，曾發第一期麵粉十五噸，發種子肥料賑款一百萬，營養食品一百六十箱。第二期糧食八十五噸，已到二十噸。建築經費，已收到衛生院一百二十萬元，小學二百萬元。麵粉的發放，雖然分署曾有規定，每次每人應發足十天，每日最多一市斤，最少半斤，但因雒容的飢民太多，所以第一次發麵粉時，大人只得二斤，小孩一斤，有些地方，大人只得一斤，小孩半斤。種子肥料賑款，每戶可得八百元至二千元。雖然有種子賑款，但今年耕種的田地，只有五成，一因缺乏耕牛，二因種子不夠，但最大的原因，還是因為農民無糧可吃。他們因為家無餘糧，所以白天多到山中去尋覓野生植物充飢，田地只有讓它荒廢了。

社會救濟事業協會，曾有決議，要求各鄉長對於縣內存糧，調查數量，並估計需要數量，以備設法補救其不足。又由地方公正士紳及各鄉村街長，勸導存糧民戶，勿將存糧外銷。此項工作，並未發生有益的效果。縣府領導的救濟工作，共有二項，一為平糶，以二千萬元為基金，由縣府買米運用。二為施粥，已捐得食米一千六百斤，款五十餘萬元，五月上旬起開始施粥，大人兩碗，小孩一碗。宋縣長於談論施粥時，提到雒容城內有四大戶，所佔土地，等於全縣四分之一。此四戶之起家的，均為官僚出身，其一為武官。收盤最多的一家，每年可達七千餘擔，縣府辦粥廠向他捐款時，只捐了五擔穀子。這些為富不仁的人，遇到這個荒年，早都跑到上海香港去享福了。

縣長又說，不但災民吃粥，連縣府的同事，過去也是吃粥過日子。雒容因受敵禍，損失慘重，人民無法負擔自治經費，自本年正月起，縣府的收入，已不敷支出甚鉅。縣級公務員自正月起，微薄薪津，已無法全部付給。到了三月份，每員每日，只發伙食費五百元。自五月份起，得省府的補助，待遇始得略為提高，每人每月可以拿到三萬元。雒容的米價，四月份最高，每市擔要七萬五千元，現在已降到三萬六千元。所以縣府人員的收入，還不夠買一擔米。

六月三日　星期一

早起宋縣長送我們過雒清河，並一同參觀盤古村。住戶十餘家，房屋多已殘破，不能避風雨。兩家有稀飯可吃，其餘的多吃石頭菜、豆角葉、芭蕉根。石頭菜的根，可以磨粉，其葉可炒以為菜。芭蕉根曬乾之後，亦可以磨粉，煮食時參加少許麵粉並野菜。這兒的居民，大部份都得到救濟麵粉，小孩有兩人，得到罐頭牛奶。我們要做母親的，拿罐頭來著，都已吃完了，罐頭是空的。分署規令營養食品要工作隊員親自發給，現在工作隊到別的鄉下去了，所以第二罐不知何時才可領到。這兒住戶的茅舍，上面不是用稻草蓋頂，而是用黃茅草。據縣長說，稻草不如黃茅草耐久，稻草只能用一年，而黃茅草可用十餘年，但此種草不能作牛羊飼料。

我們十點自雒容開行，兩點到荔浦午餐。自柳州到荔浦的公路極壞，與大塘至柳州一段相彷彿。過荔蒲後，路面稍佳。晚六點抵桂林，住分署招待所，六人共一間，本日行二一七公里。

六月四日　星期二

桂林是廣西省政府的所在地，我今天便花了大部份的時間，去拜訪民政廳廳長陳良佐，建設廳廳長闞宗驊，農業管理處處長熊襄龍，合作事業管理處處長魏競初。我的目的，是要探聽廣西的災情，他的起因、分佈，以及現狀。

綜合各方面的談話，我們得到一結論，就是廣西的災情，乃是寇災與天災的混合產物。敵人於三十三年秋季入廣西境，三十四年秋季才退出，在廣西停留了近一年。在這一年之內，敵人搜括糧食，屠宰耕牛，破壞塘堰，無一不作。沿公路、鐵路、河道，及交通方便的地方，因為敵人的殘暴，民眾多逃入山林，土地因而荒蕪了不少。所以即使沒有別的因素，廣西三十四年的收成，一定要大為減色。更不幸的，是跟著敵禍而來的，乃是一連串的水災、蟲災和旱災。廣西省救災運動委員會所編印的刊物中曾說過：「去年夏天，敵寇開始退出省境之際，潦水襲來，尤以產米區的邕江、潯江為烈，繼著是稻包蟲出來，侵蝕省境再插的新稻。留下來一些蝕餘的稻穀，卻又遭受旱魃的侵害，桂省米糧的最後一線生機，也就窒死在暴烈的秋陽下，全省的收成，給水蟲、旱災蝕去大半了。」

寇災及天災所造成的糧食方面的損失，我曾向各方面訪問，想得到一個具體的數目字。關於寇災所造成的糧食損失，我們看到三個不同的數字。第一個數字，是農業管理局供給的，總數為一千四百餘萬擔，包括稻穀九百五十二百萬擔，玉米九十一萬擔，薯類三百八十七萬擔，小麥二十九萬擔。第二個數目字，是救災運動委員會供給的，總數為一千七百餘萬擔，其中稻穀一千二百六十五萬擔，米二百二十九萬擔，雜糧二百四十二萬擔。第三個數目字，是廣西建設廳供給的，現已為省政府所採用，總數為一千九百八十三萬擔，其中稻穀一項，即有一千六百餘萬市擔。第一和第三兩個數字，相差有五百餘萬市擔，使我們不知相信那一個數目字是好。

關於天災所造成的糧食損失，農業管理處曾有估計。熊處長告訴我廣西稻穀收穫最佳的一年，是民國二十二年，產量為六千一百萬市擔，在平常年份，只能收五千萬擔左右，民國二十一年至三十一年的平均產量，便為五千一百萬市擔。平常年份，在消費方面，人用食料，須四千一百萬市擔，家畜飼料，須三百九十二萬市擔，種子亦需三百九十二萬市擔，其他用途，為六百七十二萬市擔，共為五千六百萬市擔。三十四年的收成，只有二千五百萬市擔。廣西稻作，普通於十月收割完畢。三十四年收割之稻穀，假定自十一月起，開始消費，只能供給五個月，到三十五年四月上旬，便要用完。但以所產雜糧，調劑食用，並減少無謂消耗，及制止糧食出境，或可維持到五月左右。五月以後，糧食恐慌，必定嚴重。省政府五月份發表的統計，飢民人數為三百十五萬人。這個數目，乃是根據各縣的報告編成的。廣西分署，根據這個飢民數字，估計糧食的需要，以每人日給糧食一市斤計，共需糧食一千五百餘噸，每月需四萬五千噸。估計度過三個月糧荒時期，總共需糧十三萬五千餘噸。這樣大的數量，是沒有方法滿足的。行總固然拿不出這樣多的糧食，來給廣西一省，即使拿得出，運輸也大成問題。

六月五日　星期三

上午參加廣西省善後救濟審議委員會第二次常會。審議委員會的委員，各省不同，自十一人至十九人不等，由善後救濟總署就各地負有聲望的人士遴選聘任，每三個月開會一次，其主要的任務，為對於善後救濟工作，設計建議，並輔導協助。

下午參觀桂林儲運站，晤梁站長。桂林儲運站負責桂北受災最重數縣物資的運輸，地位在救濟工作中，頗為重要。我們看到統計，全縣分配到的糧食，共六二〇噸，可是到五月底，只領到一一五噸。興安縣分配到三七〇噸，只領到七九噸，靈川縣分配得二百噸，只領到四六噸。這並不是桂林儲運站有糧食而不發放，我們看站中的物資收發對照表，知道三四兩月，站中共收到麵粉三〇八長噸，發出三〇一長噸，結存只有七長噸。五月份收到麵粉一二四公噸，發出一一九公噸，結存五公噸。庫中結存的物資不多，表示運輸站工作效率之高。我們又看儲運組供給的數目字，梧州方面，至五月底止，麵粉收入三，五九九噸，發出三，一〇五噸，結存四九四噸；白米收入一，五七三噸，發出一，三七七噸，結存一九六噸，所以梧州方面，運輸的效率，也不算低。由此可見運輸困難的發生，乃在梧州至桂林一段內，這也是分署儲運組所應致力之處。

離開桂林儲運站後，我們去訪桂林市政府的蘇市長新民，及臨桂縣的社會科長毛松壽。桂林市長所供給的損失統計，共分三欄，一為原有數，二為損失數，三為現存數。這樣詳盡的統計，在他處沒有見過。桂林市的人口，原有四一八，七二〇人，現在只有一二二，二一九人。房屋原有五二，五五七間，損失了四七，三五九間，只存五，一九八間。公私立中等以上學校二十二所全毀，小學校一二六所，毀了一一一所，只存十五所。耕牛原有一〇，八六五頭，損失九，三二六頭，只存一，五三九頭。豬的損失，尤為鉅大，原有二三，一四八隻，現在只存二一五隻。

分署在桂林市的救濟工作，據蘇市長的報告，共有十二項：

(1)冬令救濟費四百萬元，此款與桂林市社會救濟事業協會勸募所得的賑款一百〇六萬元合併分發。一共發了兩次，第一次受賑災民三千〇十七人，每人得一千元；第二次二千八百八十人，每人得六百元。

(2)平民住宅建築費第一期二千五百萬元，此事組織建築委員會辦理，已有一處完工，其他數處，在建築中。

(3)協建小學業務費第一期一千六百萬元，規定修復八校。第二期二千七百萬元，規定修復十五校。

(4)耕牛貸款七百九十四萬元，貸給各區有田無牛的貧農，每人一萬元，由彼等自行聯合若干人為一小組，共同購牛，輪流使用，共購牛六十九頭。

(5)小本貸款二百〇六萬元，貸給鄉間四區受災特重，無法維持生活，而有意經營小本生意的災民，每人一萬元。

(6)分發營養食品一百一十箱，依分署規定，將煉乳、奶粉，分發現受賑濟災民的四歲以下嬰兒，牛肉乾分發災民中體弱而最缺乏營養的。此項物資，須由工作隊前來共同主持分發，因隊員未來，所以此項工作，尚未開始。

(7)分發棉背心一百件，原擬發給災民，後以數目過少，就轉送給省立兒童教養院，分發在院兒童。

(8)工賑款五百萬元。在救濟麵粉未到以前，桂林辦事處曾以五百萬元，處理以工代賑，清理桂南路以東各街道上的瓦礫垃圾，並運之以填河壩。每日工賑人數為四百人，每人發四百五十元。

(9)救災麵粉一八七，一三八斤的分發，其方式分為兩種。凡老弱殘廢無能力的災民，予以無條件的救濟，每人日發麵粉六兩，一次發足三十日。凡年齡體力堪服勞作的災民，編為工振隊，以工代賑，四月五日以前，每人日發二十兩，自四月六日起，改為每人日發二十四兩。總計工賑人數為一千七百七十四人，無條件領受賑濟麵粉的，有三千五百餘人。

(10)白米三十噸，最近分配與桂林市，亦擬用兩種方式分發，急賑每人日發六兩，工賑每人日發一斤。

(11)修建陽橋，分署協助建築費四百萬元，洋灰五十桶。

(12)桂林醫院，本為廣西分署所辦，三月十一日移交市政府接收，改為市立公醫院，分署除將醫院的財產，藥械移交外，並經常補助留醫病人十名的膳食費。

臨桂縣有三十三鄉鎮，三百八十四村街，二十三萬二千五百餘人口，我們會見毛科長時，特別請他說明發放麵粉的方法。據說縣府為切實明瞭各鄉鎮村街已絕糧飢民的數目，俾作急賑根據起見，曾製定絕糧飢民調查表式，頒發各鄉鎮村街，由村街長會同各該村的鄉民代表及甲長，切實查填，並提出村街民大會公開通過。此項通過的名單，再由縣府派出職員，會同各鄉的縣參議員復核後，彙轉社會救濟事業協會分別施賑。臨桂縣的鄉鎮很多，如令飢民來城領取麵粉，未免緩不濟急。協會為迅速賑濟災民起見，特於東南西三區，分別設立儲發站，將麵粉運到儲發站發放。每站由縣府，縣參議會，縣黨部，各派一人，會同前往各站主持。各村到儲發站領麵粉時，須攜同經核定過的飢民冊，並出具保證，並無虛報飢民人數的切結，始能領取。臨桂縣的麵粉，是由救濟協會主持發放，但營養品則由工作隊親自發放。現在已領到乳粉一百箱，牛乳九十一箱，牛肉罐頭八十箱，因工作隊的調查工作，尚未完竣，所以營養品到了半個月，還未發放。

六月六日　星期四

今日善後救濟會審議委員會，繼續聽取報告，討論提案，到了下午五點半，方才閉幕。審議會討論的問題，我認為最有意義的，一為救濟物資的運輸問題，二為救濟物資發放的技術問題。

關於救濟物資的運輸問題，參政員廖競天首先指出，撫河的運輸，就是梧州到桂林一段，可以改進的地方很多。撫河的船隻，每隻可運三噸至五噸，運費每噸不超過十萬元，普通常在八萬元上。以運輸的時間而論，遲則一月，速則半月，平均為二十天左右。分署所僱的船隻，運輸所費的時日較多，因分署所出運費，較商家為少。商家出四千元至五千元一擔，而分署只出三千五百元，似乎不夠。三民主義青年團的書記長韋贄唐補充說，分署所出的運費使船戶無利可圖，他們所以還肯接受的原因，乃是梧州船隻甚多，船戶不能賦閒，低價也只好承運。但因運費不足，所以僱用水手較少，伙食也不充裕，豬肉減少，招待不周，水手常於中途逃亡。只要逃走一二人，船就不能開行，須補充水手，才能繼續前進，所以多花時日。分署的主管運輸人員，認為救濟物資所出的運費，較市價打八折，乃是事實，但船戶並不吃虧，因運輸救濟物資，可以滿載，而運輸商貨，則每不可能。分署在撫河的船運，所以不如商船迅速的原因，一為救濟物資，每每分站請兵護送，各站接防，費時費事。二為分署船隻，結隊而行，而押運員只有一個，一船出事，他船連帶停留。凡此諸點，分署已設法改進。但撫河的民船，專靠人力，無論如何，速度終有限制。如想縮短運輸時間，只有請行總撥給機動拖駁，以機械的力量，代替人力，才可奏效。

有人問撫河運輸，既然如此遲緩，為何不用卡車。分署主管人的回答是，一因卡車數目有限，二因卡車運費太貴。分署前有卡車三十輛，自行總公路運輸處成立後，便將卡車移交，分署無法指揮，現在行總將另撥給廣西分署卡車二十三輛。此項卡車，每車運三噸，二十三輛完全開出，也只能運六十九噸。自梧州至柳州，來回須六天，如途中在渡口候船躭擱，每次來回便須十天。即以六天來回一次計算，每部卡車，在一個月內，也只能運五次。二十三部卡車，每月只能由梧運柳三百四十五噸物資而已。但利用卡車的最大困難，還在運費。如運往全縣的物資，自戎墟車運，即使用木炭車，每噸也要四十二萬七千八百元。單就配發全縣的糧食六百二十噸而言，如用車一百輛，無法使用卡車，卡車只能用於短距離的運輸上面。

大規模的救濟，像現在各地分署所舉辦的，中國史無前例，所以運輸救濟物資的過程中，其所需運輸費的龐大，是很多人想像不到的。黃署長告訴我們，每噸物資，由梧州入口，直至運到接受者的地點，平均約需運費十五萬元。過去因物資無多，除支付運費外，尚有餘款辦理其他業務。五月份估計要送四千噸物資，運費便要六億元。據儲運組主任陳開由粵電告，六月份可有二萬噸物資運桂，估計全部運費，即達三十億元。分署已曾迭次函請總署增加業務費，否則即使有交通工具，如果大批物資湧到，分署也無法應付。我們聽了這些報告，覺得行總如果分配給某區若干噸物資，同時便應撥付相當數量的運費，否則物資無法運到需要的區域。這點道理，行總的主管人員，不是不知道，但因總署經費也不充裕，所以實行這個原則時，便感到困難。

關於救濟物資發放的技術問題，社會處處長李一塵曾在審議會中提出一議案，請分署將發放糧食的辦法，加以修改，以爭取時間，而收救濟實效。他說：依照本署所訂辦法，配發救濟糧食時，應先由各機關確實調查飢民人數，列冊報告分署，然後由分署工作隊，督同當地社會救濟事業協會，直接按戶查明發放。查此項辦法，因災區遼闊，分署工作隊人員過少，不敷分配，未能兼籌並顧，往往救濟糧食已到，而分署工作隊人員，仍未趕到，致使飢民久望，縣鄉及社會救濟事業協會人員，又不敢擅發，如此使急賑工作，無形變緩。擬請省府嚴飭各縣，督同社會救濟事業協會，儘先挨戶切實調查所屬各鄉鎮絕糧飢民人數，列就名冊送核，本署可派人抽查。救濟糧食，應以即到即發為原則。本署工作人員不能依時趕到災區時，應由縣社會救濟事業協會派員督策各鄉鎮公所，按照分署配放辦法憑名冊發給。黃署長說是現在廣西各地發放救濟糧食，大致已照所提辦法辦理。工作隊的職務，只是考核成績，催交單據，發放糧食的工作，已由社會救濟協會主持辦理。

六月七日　星期五

上午參觀桂林市公立醫院，及省立桂林醫院。又過河看難民收容所，該所收容難民八百五十七人，所中有滅虱設備，及診療所。難民十分之九，是桂林人，因為住宅被毀，無家可歸，寄宿於此。寢室頗為擁擠，方丈之地要住四家，一家佔一竹床。我們參觀某一寢室，有一少婦，其夫為小本商人，給日本人捉去挑擔，至今未歸，他與子女二人共住一床。隔壁的一床住一夫一婦。另外兩床，住些什麼人，不得而知。

下午，參觀平民住宅數處。一處已經完工，共五十二間，每間後面附一廚房。現在有一部份為湖南會館搬出來的難民佔住，還沒有正式招租。又至一處，住宅正在動工，擬花一千一百萬元，完成後有三十二間。參觀平民住宅後，即至省會育幼院，該院收容兒童六百餘人，自四歲以至十四歲不等。每日吃兩餐饅頭，早餐並吃牛奶粉，所以兒童多紅光滿面，與院外的貧苦兒童，大不一樣。年長兒童，正在蓋瓦，因下午為勞作時間，上午則上功課。我們參觀的時候，正有數隊兒童，從院外河邊浴罷歸來，又有數隊，則整裝待發。看壁報上發表的文章，知道兒童對於院內生活，頗感滿意。

六月八日　星期六

上午十時離桂林，靈川縣長唐志豪同行，下午兩點抵靈川，五點抵興安，住第五工作區事務所，本日行六十六公里。靈川粑粑場聚有飢民數百人請願，縣府門口亦有同樣的情形，都由縣長好語安慰遣散。在靈川的何家舖及興安的大拱橋，我們曾下車視察。何家舖有一婦人，其丈夫當兵不知下落，有子一人在校中讀書。她向我們訴苦，說是同村的人擊傷她的面部，不准她領取救濟麵粉。我們看見她有一牛，而且門前還擺一小攤，販賣糖菓食品，知道她的生活還過得去，不應與村中更苦的窮人，爭取有限的麵粉。這個例子，給我們的印象很深，因為這個村中，已用民主的方法，來決定誰應當受救濟。村中的人，誰窮誰富，彼此都知道得很清楚，由村民大會來決定窮人的名單，似乎比外人的調查還靠得住。大拱橋原有人口三十餘戶，現在只餘八戶，其餘或到資源縣去行乞，或率全家入山採蕨，所以村中頗呈冷落的現象。

靈川的唐縣長告訴我們，靈川是三十三年九月二十七日淪陷的，三十四年八月二號，始告克復。縣屬十四鄉，只有一鄉沒有到過敵人，其餘十三鄉一百三十四村街，都受過敵寇鐵蹄的蹂躪。物資損失達八十三億以上，人口損失，不下二萬。當敵人初來的時候，正是三十三年秋收的季節，已收的稻穀，沒有時間疏散，沒有收的，只好遺棄四野。三十四年春耕，敵人還盤踞在縣內，民眾雖然冒險偷耕，但耕牛既被掠殺殆盡，肥料又無從施用，所以未種的田地，佔十分之七八。入夏以後，好久沒有下雨，繼之以蟲害蔓延，所以已種的田地，收穫也只有二三成。敵寇潰敗之後，民眾未歸，破壞的房屋，需要修理，生病的需要醫藥，只以瘧疾而論。在淪陷期內，民眾有百分之五十，是患瘧疾的。為應付這些急需起見，許多人都把存餘的少量稻穀，賤價賣出，剜肉補瘡，甚為狼狽。本年正月起，吃樹皮草根的，已有所聞。現在全縣十二萬六千人中，至少有三萬五千人，是靠野生植物度日的。其中一萬五千人為老弱，二萬人如有飯吃，還可工作。過去有好些人，靠砍柴及澆石灰，挑到桂林市去販賣，以維生計。一擔柴原可換五斤米，現在只換半斤。一擔石灰，原可換十斤米，現在只換一斤。糧食的價格，在過去四個月內，漲了十倍，如去年十二月，米只售三千五百元一市擔，現在要賣四萬元。但柴與石灰的價格，並沒有上漲。貧苦民眾，無法依此為生，只好靠挖蕨根過日子。現在蕨根已吃完，飢民只能吃土茯苓、馬蹄蕨、棉子菜等野生植物。因為營養不足而餓死的，縣中已有四十九人。

分署在靈川縣設立一事務所，專辦救濟的工作。過去已發麵粉二十噸，急賑款二百五十萬，種子肥料賑款二百五十萬，衛生院修建費一百二十萬，小學修建費二百萬。營養品已到，尚未分發。難童收容所擬花一百萬，在修建中。當地士紳，曾於四月間代電分署，請增撥食米及麵粉各一三，〇〇〇市石，耕牛賑款五千萬元，農具貸款二千萬元，春耕種子賑款二千萬元，食鹽一萬二千五百市斤。

在興安，我們遇到事務所的主任盤寶臻，及縣長王潛。興安共有十八鄉鎮，二一八村街，經為敵人盤踞騷擾的，有十七鄉鎮，二一一村街。敵人於三十三年九月十五日入境，到三十四年八月八日，方才退出縣境。除了兵災之外，還發生水災兩次，旱災兩次，若干鄉村，還有風災蟲災，至於病災，則是流行全縣。人口總數十六萬人，急待施賑的有五萬六千人。他們原來挖著蕨根度日，現在蕨根都挖不著了，只能吃白頭翁、鴨腳菜、磨根藤、鵝頭菜、野喬麥、蔴葉、觀音蓮，土茯苓、薯莨、石耳、土蕈、蕨根渣等十餘種野生植物。這些野草，摻入極少數的米糠、包粟粉，或糙米，煮成糊狀的草羹，便是飢度日的唯一食料。飢民營養不足，餓死的已有七十二人。分署在此，已發耕牛貸款一千五百萬元，急賑款三百萬元，種子肥料貸款三百五十萬元，小學修復款四百萬元，春耕貸款六百萬元，以工代賑款一百八十萬元，主要工作為修復秦堤。糧食方面，已發急賑米五一八袋，麵粉三，六四四袋。據盤主任說，興安與全縣的急賑麵粉都是由工作隊直接發放的，這是與其他各縣不同的地方。工作隊在沿交通線要點，如溶江、嚴關、首善、西山、界首五處，設立救濟站，每站有職員三人至五人，經常的到附近鄉村中，按戶查明飢民人數，核發急賑證券。飢民得券後，便可到附近的救濟站領糧，每人日發六兩，每次可領十日，至目前止，受賑的已有一一，一四五人，其中有一〇，七六五人，集中在沿公路的五個鄉鎮。離公路較遠的鄉鎮，得到救濟麵粉的，到五月底為止，只有三百八十人。用工作隊來發賑粉，因人手短少，難期普遍，於此可見。

分署在興安及全縣，還辦了一種耕賑，是很新穎的一種救濟農民辦法，在別處沒有看見過。耕賑的目的，是在救濟農民的過程中，還要設法使他們增加糧食的生產。桂北的荒田很多，分署發現田荒的主要原因，是農民沒有飯吃，在應當春耕的時候，他們不在田中耕作，而到山中，去採野草，以維生命。所以分署規定一辦法，要農民去開墾荒田，凡墾荒的人，可以領到糧食。興安縣的耕賑面積，定為二萬畝。耕賑以村為單位，按村擇田。村有五等，一等二十九村，每村分配耕賑田四五〇畝；二等十二村，每村分配三百畝；三等十三村，每村分配二百畝；四等五村，每村分配一百畝；五等二村，每村分配五十畝；合計六十一村，共一九，八五〇畝，尚餘一百五十畝，為臨時補充之用。應受耕賑的農戶，以受災特重，而無糧維持其生活，從事耕種者為主。其耕種農具，以農戶自備為原則。應受耕賑的，須向村街長提出聲請書，由村長、鄉鎮民代表，會同耕賑分站站長，作初步的決定後，即提交村民大會，複決公佈。發給農賑的方法，是按田計工，按工計賑。田以畝為單位，每畝給單工六個，每工給賑糧二市斤，或折發國幣。賑糧以二萬畝計算，須糧食二十四萬市斤，原擬向資源縣購米二十萬市斤。但至目前止，只收到糙米一六四，〇六七斤，都已發給農民，不足之數，只有折發現金。農賑的結果，遠超過主辦人的期望。原期開荒的田畝，現已超過三倍。據縣府的人說，興安縣本年所種的田畝，已達八成，這要算是災區中難得的成績。

我們住在興安的事務所內，事務所的房屋，一部份作為收容難童之用。分署以桂北的災情特重，所以在靈川、興安，及全縣，各設一難童託養所，收容難童五百名。興安因房屋難覓，所以分期收容，第一期收容難民二百〇八名，自五月十二日開始收容，五月十九日即已收足。這些兒童，據盤主任說，初入所時，身體瘦弱到只存些皮和骨，但在所住了十幾天之後，每天喝牛乳，吃白米飯，現在面色已有些血氣了。第二期收容的房舍，現已修理八九成，等分署的衣服，運到後，即可繼續收容。

六月九日　星期日

上午冒雨參觀興安中學，又行二華里到湘灕分流之靈渠，過小天坪，到大天坪，看分水堤。此項水利工程，相傳為秦代史祿所倡始，馬援修之以運糧，唐代復有修建。靈渠的水，與湘水隔離，全靠秦堤。在敵人盤踞時，曾破壞秦堤一段，於是靈渠的水，盡行注入湘水，因靈渠水位，比湘水高得多，假如此堤不修復，則沿靈渠四五十華里的稻田，將因缺水而無法耕種。現在分署以工代賑，已將缺口填補成功。秦代遺留下來的水利工程，現在我們還在修理使用，對於幾千年前的工程師，我們不禁起一種敬佩的心情。由靈渠回來時，我們參觀衛生院，知道昨日郊外有一農民，挑了四十斤麥子，被一強盜搶去。被搶者的胸部與背脊，中了刀傷十餘處，他的妻子因此跑到衛生院來請救。據縣長說，飢民鋌而走險，近來數見不鮮。五月份類似的案子，在縣中已發生十餘起。

下午五點離興安，七點半抵全縣，住事務所，本日行六十一公里。抵全縣後，聞今日上午分署運麵粉來全縣的貨車，在白沙橋遇劫。有土匪十餘人，武裝齊全，盡劫旅客鈔票，未取行李及麵粉。劫車後還等了半點鐘，想候第二部車，但無車來，因即離去。據土匪說，他們都是附近鄉民，因無以為生，不得不走上此路。災荒對於治安的影響，於此可見一斑。

六月十日　星期一

今日與分署事務所主任謝代生及縣長唐智生談，知道全縣的災情，其嚴重性與興安靈川相彷彿。縣中人口三十二萬人，飢民約十萬，飢斃人數，至五月底止，為一百八十人。分署在別縣所辦的工作，在全縣都已舉辦。另外分署還在全縣辦理農賑。發麵粉時，一部份由工作隊直接辦理，這是全縣與興安縣不同於別處的地方。農賑在全縣所定的範圍，比興安縣更廣，沿公路線選了五萬畝，公路線以外，又選了一萬六千五百畝。所需的賑米，係由分署派人到資源縣去採購，事先接洽了一萬零八百擔，每擔一萬六千五百元，於五月五日以前交完。由資源運到全縣與興安，乃是由分署組織受賑農民去肩挑，每人發給單程飯費。但資源縣的當局，一因米價逐漸高漲，二因負擔軍糧，所以未將一萬餘擔的米交足。至五月底止，只交了七，一〇四擔，已發全縣五，一八六擔，興安一，六四四擔。農賑的結果，在全縣與興安縣一樣，都是超過了預定的三倍。

全縣發放麵粉，沿公路線的村莊，交通方便，由工作隊主辦。離公路線遠的地方，便由社會救濟事業協會辦理。我們研究廣西各縣的情形，覺得利用地方自治機構，有時不免發生弊病，如荔浦縣某鄉，據省政府統計處的報告，曾以麵粉半均發放，每人只得一兩數錢。又據黃署長四月十七發表談話，運江鄉領到賑粉二千五百市斤，如照分署規定辦法，確實發放，可使五百災民，於半個月內免於飢饉，但該公所竟提出一千市斤，用作公共造產，致使災民未能得到實惠。

又如柳江縣雅儒村七、八、九各甲飢民，曾呈文控告該村村長、村代表及各甲長，說他們乘分發救濟麵粉之際，上下串通，狼狽為奸，營私舞弊，中飽私囊。又如靈川縣忠義鄉鄉長副，在分發麵粉時，尅扣每人四兩至六兩，做成油餅，分發鄉公所辦公職員。此類弊端，也許還有未經人告發的，但在整個的廣西省，這一類的事，還是佔極少數，只要監督得力，是不難矯正的。自治機構的人員眾多，利用他們去發麵粉，可以各地同時動員，在最短的時期內，將麵粉發到飢民的手中，飽了他們的肚子，救了他們的命。利用工作隊，也許中飽等弊病，可以減少，但以人力有限，照顧難周，所以在全縣與興安，發麵粉只達到公路附近的鄉鎮，其餘各區，或則難免向隅，或則還要借重地方自治機構。廣西發放營養食品，是完全利用工作隊的，其效率之低，只看營養食品，仍多堆置庫中，發不出去，便可證明。這不是工作隊的人員辦事不努力，實以一縣地區遼闊，工作隊的人員有限，無論如何，決無法在短時期內，完成他們的使命。根據此種經驗，我們覺得發放急賑，工作隊應居於督導的地位，實際的分發工作，還是要利用地方自治機構。工作隊應與地方自治機構，相輔而行，不要越俎代庖，以致費力多而收效少。廣西的自治組織，已有基礎，發放賑款及物資時，雖然有少數作弊的事，但大體可以說是廉潔的、公開的。假如分署製定良好的辦法，工作隊認真監督，地方自治機構，公開辦理，作弊的事，應當可以絕跡。

全縣最近對於飢荒問題，還有一個自救的辦法，即由社會救濟事業協會，發動清查存糧，以有濟無。協會也組織了工作隊，每鄉鎮一個，工作人員，自八人至十九人。隊長不用本鄉人，其餘隊員，均為本鄉人。自五月十六起，開始調查存糧，擬於半個月內完成此項工作，但實際半個月辦不完，需要延期。調查之後，對於保有存糧的人，指示他三個辦法。第一為捐助，即將存糧捐與縣府，由縣府統籌，發與飢民。第二為出賣，即將存糧賣給有購買力的人。第三為出借，先借與本村人，如有餘，始借與他村的人。利息為百分之五十，於秋收後歸還。

我們在廣西各縣視察災情時，也常注意飢饉對於社會各種生活的影響，現在即將離去廣西，綜合我們視察的所得，也有數點可述。第一是棄嬰的案子，不斷發生，在都市中尤甚。我們在桂林時，闞廳長來訪我們，說是在途中曾見一棄嬰，還沒有死去。黃署長聽到這個消息，馬上請人把這小孩抱到分署的招待所來。這個女嬰，出世大約只有三四天，而貌頗清秀，在招待所給他吃了幾口冷開水後，便送到醫院去撫養。賣女孩的事常有，賣男孩的不大聽到，據說即使出賣，也無人要。第二為難童的加多，在設有收容所的地方，常感收容所的房子太少，不能應付各方面的要求。如靈川、興安及全縣，設了三個難童收容所，每天都有人介紹難童入所撫養。這些難童，大多數都是有家庭的，但他們的父母，也在飢餓中過日子，沒有力量養活他們，所以初入所時，衣服襤褸，面有菜色，並帶病容。入所之後，穿著麵粉袋改造的制服，或盟邦施與的童衣，又吃牛奶、白米飯、大饅頭，幾個禮拜之後，便完全改觀，我們在難童收容所中，有時還可看到幾個小胖子。第三，家庭破裂的故事，也常聽到。桂林有一女子，隨一遠征軍逃跑，他的丈夫，追蹤到興安縣，扭到法庭，法官判決此女子仍隨原夫回去，但女子無論如何不肯，後來他的丈夫答應以二十三萬元賣給遠征軍士，軍士欣然同意，即將女子領去。此種出賣妻子之事，據說娘家也不反對，一因女兒改嫁，生活或可改善，二因再嫁一次之身價，娘家也可分得一部份。靈川有一女子，因丈夫出征不歸，田中又無收成，生活無法維持，擬另嫁一男子，此男子願意娶他，但不肯收容其前夫所生的兒子。此女子一方面想改嫁，一方面又不肯捨棄前夫的兒子，兩種慾望的衝突，使這個女子終日涕泣，不知如何是好。興安縣的嚴關鄉富里村，有蔣老樟兄弟二人，兄年十歲，弟八歲，父親早亡，母親為生活所迫改嫁。幼小二人，無人撫養，鳩形鵠面，乞食為生，性命難保，到了他家中時，有幾個年青的女子，都要求他帶至桂林，說是當地無法謀生。第四，地方的治安發生問題，盜匪不但搶車，常常在災區中，某家如有幾十斤的糧食，便會引起強盜的光顧。第五，在物價高漲聲中，田地價格，卻在下降。飢餓的人民，為了救命，當願以一擔穀的價值，出賣一畝田。至於買田的人，屬於那一種人，尚無一致的結論。有的說是富有的地主，現在繼續購田，造成土地兼併的現象。有的說是靠收租過日的，去年收不到租，連吃飯都發生問題，恐無餘力來購置新田。如某縣一地主，往年可收五百擔租，而去年只收七擔半，現在也在飢餓線上掙扎。有的說買田的乃是商人以及勞動階級中稍有積蓄的。還有人指出，在他的縣內，窮苦人多，買田的人，都來自外縣。這個問題，情形頗為複雜，須細加研究，始可得一結論。第六，在若干縣份，高利貸頗為猖獗。靈川縣長告訴我，他知道一個案子，借了一擔穀的人，在借穀時要寫兩張借據。在第一張借據上，他寫借到國幣四萬二千元，秋收後無息歸還，實際在他借穀時，穀價只有三萬五千元，但因穀價還在上漲，所以債主要加兩成計算，於是由三萬五千元，便變為四萬二千元。另外還要立一張借據，上面寫明借到穀子兩擔，秋收後無息歸還。這張借據，代表利息的部份，因為一萬元的利息，是穀子五十斤，四萬二千元的利息，便是穀子兩擔。在這兩張借據，債主毫無把柄，可以使人認為違背法律上的規定。所以縣府想要取締，也無從下手。據好些人說，飢民想要救死，所以這種高利，他是肯出的。有些飢民，因為平素信用不佳，即出此種高利，也借不到穀子。第七，是教育的破產。許多小學校，校舍給敵人破壞了，無法修復，有些小學校，雖然還有殘破的校舍，但因民眾無力交學穀，所以請不到教員。有的教員肯盡義務，但為生活所追，不得不於教書之外，另謀副業，於是一星期內，便不能天天上課。我們所參觀的小學，有的是闃無一人，有的是以磚頭為櫈，木板為桌，學生常常不能如數到齊，因為救命第一，學生在白天也要到山中去採野草以維持生活。有一個縣的教育科長說，在他的縣內，小學如想恢復原狀，起碼要十年。第八，是基層政治的解體。在飢荒的社會裏，賦稅的收入，自然要大為減低，於是縣以下的行政人員，生活上便大受影響。雒容縣在每日只能發給縣行政人員伙食費五百元的時候，據說吃稀飯都不夠。鄉鎮長舉出來，有許多不肯擔任，選了一次之後，又要重選。幾甲的甲長，當是一人兼任。靈川縣金坑鄉大新村的村長潘某，縣長有事去找也找不到，查問起來，才知道他已帶領全家老小，到外鄉去討飯了。在這種情形之下，一個縣的政治除了救災之外，幾無別種工作，可以順利推行。

六月十一日 星期二

早七點三刻離全縣，廣西的視察，至此告一段落。同行的人，除張視察祖良外，還有廣西分署的黃顧問緯芳及謝主任代生，他們兩人，預備送我們到衡陽。行二十六里，到黃沙河，前九十三軍在此，不戰而退，全縣民眾，至今談及，猶有餘痛，因民眾以為黃沙河可守相當時期，所以沒有積極疏散。且勞軍豬牛及糧食，運到縣城，盡為敵軍所得，尤為可惜。過黃沙河，行四里，入湖南境，公路狀況，立見改良。廣西自大塘到全縣，公路欠修理，路中心多窟窿，車行至為顛簸。湖南境內，公路平坦，雖間有不平處，但為例外。由黃沙河行二十里到東湘橋，民眾正在趕墟，再行三十二里到零陵，時為十點半，因瀟湘河水大不能渡，只得在宴賓餐廳休息。所謂餐廳，只是一間茅屋，其中有桌一張，門前置鍋竈，主人賣雞蛋及糖包。我們請他炒麵，以當午餐。黃沙河的難民疏送站站長李郁華，在途中搭我們的車到零陵，我們便請他先過江與儲運站的人接洽，看看有無辦法，讓我們渡江進城住宿。

六點左右，李郁華又從城裏回來，領我們步行五里，到一個渡口過江，即至零陵儲運站借宿，晤儲運站主任郝履仁，第五難民服務處主任易允森，及急賑工作隊零陵第一隊隊長李興林。從他們的談話裏，我們對於湖南分署的附屬機關，其組織如何，略知一二。

分署的儲運站，是接收物資及發放物資的機關，在省內重要地區，如長沙、衡陽、常德、邵陽、零陵、郴縣、岳陽等七處，均設有儲運站，並附設倉庫。零陵的儲運站，管轄九縣，即零陵、東安、道縣、江華、永明、嘉禾、藍山、寧遠，及新田。九縣所領的救濟物資，都由零陵儲運站分發。零陵縣所接收的物資，共由兩路運來，一即衡陽到零陵的公路，一即瀟水，大部份物資，係由水路來。水路運費，由長沙到零陵，約四萬餘元一噸。由衡陽到此，約二萬餘元一噸。衡陽到零陵的車運，約七萬餘元一噸。水運由長沙到零陵，因係逆水行舟，需時一月至兩月。

難民服務處，在湖南共設立了九個。第一難民服務處在長沙，第二難民服務處在衡陽，附有衡山服務站，第三難民服務處在邵陽。以上三處，係三十四年十一月成立，初與湖南省國際協濟會合辦。三月一日起，衡陽邵陽兩處，歸分署獨辦；五月一日起，長沙一處，亦歸分署獨辦。第四難民服務處在岳陽，第五難民服務處在零陵，附設黃沙河及冷水灘兩服務站，也是三十四年十一月成立的。三十四年十二月，又成立了三處，即沅陵的第六難民服務處，常德的第七難民服務處，安江的第八難民服務處。安江的一處，附設晃縣服務站。三十五年一月，郴縣的第九難民服務處成立，附設有耒陽服務站。凡過境難民，及住留當地無力還鄉的赤貧難民，都由難民服務處站，免費運送，並供給沿途食宿，每日發麵粉一市斤，副食費一百五十元。

工作隊的任務，主要的有三，一為受災人民現況的調查，二為急賑之發放，三為受災地區人民損失之調查。每隊設隊長一人，隊員二人至四人。分署最初的計劃，根據四月十七日的代電所表示，只在岳陽，臨湘等二十縣，先行設立，後來因工作繁重，原有的隊數，不敷應付，所以時有加增。

六月十二日　星期三

我們今天拜訪了零陵縣縣長齊德修，專員歐冠，並與當地士紳多人談話，知道零陵於三十三年九月六日淪陷，一年後才收復。寇軍侵入零陵之後，耕牛被殺食，農具被破燬，糧食被搶運，壯丁被拉夫，田地不能下種。原有水田面積八六三，四六七畝，荒蕪了二四四，三五〇畝。接著來了一個空前的旱災，兼以寇軍滋擾，農田不得拔草施肥，所以零陵在平常年，原可收三，四五三，八六八石稻穀的，三十四年實收只四三八，五〇一石。小麥因秋旱後不能下種，延至三十四年十二月降雨後，方才播種，麥苗出土後，天又久晴不雨，生長青翠的麥苗，因傷蟲而黃萎，到了三十五年四月，春雨連綿，山洪暴發，適值小麥出穗，正需陽光蒸曬，被水湮浸，有的腐朽凋敝，有的結而不實，平均收成只達一成。平常年可收小麥四六四，八〇二石，本年只收四萬餘石。

零陵在過去一年半內，遭受了寇災、旱災、水災，糧食欠收，災荒的景象，已經造成。救濟工作，在湖南省政府方面，曾發寇災急賑九十萬元，旱災急賑七十四萬八千元。王主席曾親到零陵勘災，目擊心傷，又發了急賑款五百萬元。

零陵的人口，據本年二月的統計，共有五十一萬六千餘人，其中非賑不生的，據縣長估計，在五月底，共有十五萬八千人。這些災民，已曾把山中的蕨根葛根吃完了，現在吃的，有粑粑菜、魚心草、鵝飼秧、禾家菜、雷公菌、雞仔菌、鳥仔菌等野菜，所以專靠省政府幾百萬元的救濟是不夠的。王主席提倡自救互救運動，現在經各鄉保熱心公益的士紳，捐款捐穀，又將公產公穀，全數提出，辦理粥廠，供給災民吃食。過去其辦粥廠八十三所，受賑的人，共七萬七千五百人。縣府並組織民食採購委員會，由殷實富商，籌款二百萬元，到長沙一帶購米，運回縣城平糶，已經購回稻米二千六百七十五石，平糶救災，各鄉亦有類似之組織，由合作社辦理。縣立中學，演戲募捐，籌得款項二百七十餘萬，由學校直接發放。私人團體，如永善堂曾將存穀一百擔，在城區發放，天主堂也在城區施粥。中國農民銀行發放緊急農貸兩次，以合作社為單位，計第一次八百萬元，第二次二千二百七十萬元。但主要的救濟工作，還是由湖南分署主辦的。分署所辦的工作，項目繁多。我們參考縣政府四月份的公告，分署六月份的工作彙報，以及縣長的談話，發現有下列多種。

(1) 寇災急賑一，〇八八，八五〇元，由全縣三十鄉鎮分配。

(2) 余署長到零陵勘災時，親發麵粉七噸，分發給災情最重的十個鄉鎮，共一萬三千三百七十市斤，另給縣救濟院六百三十市斤。

(3)在工作隊到零陵發放麵粉之前，分署在零陵辦理兩個粥廠，一在縣城，一在冷水灘，受賑的一千人。三月中旬起，改辦施粉廠，月撥麵粉三十噸，副食費一百九十二萬元，辦理兩個月，受賑的約八千人。

(4)分署現派急賑工作隊，分赴各縣，發放麵粉。第一期所分配的麵粉，零陵得二四〇，〇〇〇市斤，規定振濟八千人，每人日發一市斤，可供一月之食，如受賑人數加增，則每日分量，可減為半市斤。第二期所分配的麵粉，零陵得六〇〇，〇〇〇市斤，以每人日發半斤計，可供四萬飢民一月的食糧。第三期分配的麵粉，是六月份才規定的，零陵可得二，二五〇，〇〇〇市斤，以每人日發半斤計。可供十五萬飢民一個月的食糧。第一期的急賑麵粉，工作隊只發了五鄉。第二期的急賑麵粉，工作隊共發了六鄉。縣城所在地的芝城鎮，每一災民，已經領到十五斤麵粉，但芝城鎮對河的全忠鄉，就是我們昨天停車候渡的地方，還沒有人領到麵粉。分署在配發第二期麵粉時，已將工作隊加到一百四十八隊，零陵的隊數雖已加多，據云到齊時可達十隊，但人手還是不夠，不足應付目前三十鄉鎮災民的需要。

(5)衣的方面，分署曾發給零陵縣棉背心七〇九件，每鄉多的可得三十件，少的十二件。另發盟邦舊衣褲鞋六十包，每鄉分到兩包。我們昨日過全忠鄉半節塔時，曾請高保長把保民大會的記錄送來給我們看，其中有一段，係記載如何分配舊衣及棉背心的。高保長所代表的一保，共有一千四百餘人，需要衣服救濟的，共三十二人，但棉背心，只有兩件，舊衣只有三件，於是用抽籤的辦法來決定，結果有孫蔣氏得棉背心一件，龍鐵仔得棉背心一件，高堯生得女大衣一，金蠟生得黃童褲一，沈何氏得白童褲一。

(6)塘壩工賑麵粉五十噸，修塘災民，每日發麵粉一市斤，但每人每日須掘土兩立方公尺，現已分發各鄉辦理。此項麵粉，如用以修理舊塘，可得一百塘，如用以建築新塘，可得五十。縣府定有修建標準，如合乎標準的，可以不還麵粉，如不合標準，須於秋後將所領麵粉歸還。

(7)修路工賑，在零陵縣內舉辦的，有兩條公路，一由零陵通東安，計四十五公里，於三月三日開工；一由零陵通道縣，計九十七公里，於二月二十七日開工。工人每日可得麵粉一斤半，副食費一百十二元五角。現在寧道線有工人八十四棚，零東線有工人十六棚，每棚為三十人。

(8)種子肥料賑款九百三十餘萬元，由分署及建設廳、社會處、農業改進所共組工作隊直接發放。發放對象，係以沿公路鐵路線兩旁各以五市里為度，其中貧苦農民，每畝發給稻種五升，肥料則以枯餅石灰為主，或折價發給，零陵受惠的，凡三千一百四十餘戶。

(9)耕牛貸款二千五百萬元，在二十二鄉發放，因耕牛每頭須十五萬元，所以為使農民受惠的人數加多起見，貸款只帶補助性質，農民須另籌一部份款項，才可購得一牛。估計全部貸款，可以協助農民購牛二百五十頭，貸款於八月底無息歸還。

(10)春耕糧食貸放五十噸，也是在二十二鄉中舉行，凡得耕牛貸款的，即不能得春耕貸麵。此項麵粉，每戶可借五十市斤，於秋收後歸還，每麵粉一斤，還糙米一斤。耕牛貸款及春耕糧貸，都是從修路工振的款項及物資中提出的，歸還後仍作為修路工賑。

(11)分署撥給零陵的平民住宅建築費一千五百萬元，也改作麵粉二十五噸，貸與農民，秋收後歸還時，再行動工建築平民住宅。

(12)芝城小學，得到分署的修建補助費二百萬元。

(13)縣立衛生院，得到分署發給病牀設備三十張。私立普愛醫院，也得藥品及經費的補助。

(14)零陵的慈善機關，曾得分署補助的，一為零陵救濟院，曾得配發麵粉四千五百斤。二為零陵救濟院的兒童保育所，曾得麵粉四萬五千斤，罐頭食品一百二十三箱，奶粉十二桶。三為零陵天主堂孤兒院，曾得麵粉四千五百斤。零陵救濟院的兒童保育所，擬收容難童六百人，其中四百在城區，二百在冷水灘。城區的四百人，因救濟院只能收容二百人，其餘二百人，由四個機關分擔，即專員公署、縣政府、縣黨部及教會，每一機關五十人。我們去拜訪專員時，看見公署的對面，有一所樓房，專員負責看管的五十個難童，便在裏面食宿。

災荒的零陵縣，到五月底止，餓斃的已有二千零九十人。治安時常發生問題，雖然股匪還未出現，但數人合夥行劫的事，各鄉都有。有一運麵粉的船，被搶去十四袋。幾天以前，也發生過劫車的事。祁陽劫車的案子更多，專員因此建議派四個便衣隊，送我們的車過祁陽的洪橋，我們覺得可以不必，便辭謝了他的好意。零陵的田地，也與別的災區一樣，在那兒跌價，寧遠縣一畝地可賣三十萬，而零陵縣的好田，只賣五萬，差的只要一萬。在寧遠縣賣去一條豬，可以到零陵來換兩個女人。高利貸亦頗為盛行，借一萬元，三個月後，除還本外，還要交利息穀子兩擔。縣裏有四個中小學沒有開學。保長過去每月可得穀子五斗，現在收不到。縣裏的科長，薪水加成五十五倍，另加補助費一萬七千五百元，共二萬餘元，比不上闊衙門中一個工友。

我們在專員公署談話時，適逢急賑工作隊隊長廖某，報告在冷水灘挨打經過，此事可以表示救濟的工作，在有些地區，也會遇到很大的阻礙。廖某說是到冷水灘去發放麵粉，第一步工作，就是向鎮公所要飢民清冊。鎮公所的人，以為此種麵粉，來自美國，凡在抗戰期中受有損失的人，都有權利參加受益，所以把鎮中全體人民，都列入清冊。隊長以如此則麵粉不敷分配，所以堅持要複查。在此種衝突之下，有土劣號召飢民數百人將隊長包圍，加以毆打，並為嫁禍起見，於毆打之後，掘一死尸，併拉一妓女來，與隊長共攝一影。鎮中好事之徒，欲以此張照片，證明隊長二大罪狀，一為發放麵粉太遲，致有災民餓斃。二為隊長不務正業，迷於酒色。儲運站的郝主任，對此頗為憤恨，謂此案如不得到合理的解決，則分署在冷水灘的救濟工作，只有停止，專員與縣長，都答應迅即查辦。

六月十三日　星期四

上午九點，由零陵出發，十點到祁陽，凡五十一里，路平，所以軍行甚速。到祁陽時須過渡，過渡所費時間，在一點鐘以上。在祁陽縣城中，見小孩一名，無褲，抱一碗臥街中，車過時有人提其足置於道旁，似已死去。在縣府晤陳縣長輕馭，譚科長文先，談一點餘。午飯後離祁陽行二十餘里，有一地名沙灘橋，汽車到此過渡，見渡旁有一屍，係今早餓斃的。尸首覆以破被，據云此為死者生前唯一的財產。三點半到譚子山，屬衡陽縣。全村十八家，沒有一家有米吃。他們都吃野草，有的和以蠶豆，有的和以玉米粉。下午五點到衡陽辦事處，晤處長楊曉麓，副處長向大光，略談後即至中國旅行社休息，本日行一〇六公里。自桂林至衡陽，凡三六二公里。

祁陽縣有三十三鄉鎮，戰前人口八十三萬，現在只有七十二萬。據縣府本年五月底的統計，餓死人數為三，一四〇。非賑不生人數為一二〇，二二二，必賑人數為二三〇，二四六，待賑人數為四九二，〇五八。縣府雖然將災民分作三等，但三等間的嚴格分別何在，也沒有人說得清楚。救濟工作，省府辦理的，有旱災賑款一百零六十萬元，配發甲等災區十三鄉鎮。王主席南巡賑款五百萬元，配發三吾鎮難民及十三鄉鎮。中國農民銀行辦理的，有第一次農貸八百萬元，第二次農貸二千七百四十萬元，分發全縣各鄉鎮。湖南分署辦理的，有衣著十包，背心七一五件，轉撥全縣各鄉鎮。急賑款一百二十萬餘元，分發全縣各鄉鎮。施粥款一百四十七萬元，全用於三吾鎮。施粥副食費二百三十四萬元，分發甲等災區十三鄉鎮。耕牛貸貨款一千二百五十萬元，春耕貸麵粉二十五噸，均於秋後歸還，分發對象，亦為甲等災區十三鄉鎮。緊急救濟麵粉九噸，施麵廠一個半月麵粉三十六長噸，工振建塘麥粉五十噸，急賑工作隊麥粉九十五長噸，前二項只發甲等災區，後二項發全縣各鄉鎮。此外還有郵政局捐款十萬元，電信局捐款七萬元，及重華中學捐米三石五斗，尚未分配。

六月十四日　星期五

今日湖南分署派侯厚宗及喻光九送資料來，並說要陪我們到長沙。黃緯芳及謝代生，以護送任務已完畢，定日內返廣西。衡陽縣長王潛恆，議長廖云章，及參議員羅煒來會，並送來衡陽縣災情資料多種。

六月十五日　星期六

今日及昨日，大部份的時間，係整理廣西視察資料，寫成報告，寄往總署參考。此項報告，原可於視察各省完畢後再寫的，但我考慮的結果，決定於視察一省完畢之後，進入第二省的境界時，就將前一省所得的資料，著手整理。因為此時動手，印象尚新，易符真象。否則數月之後，時過境遷，追記往事，每每不易與當時的印象相符合。

六月十六日　星期日

今日開始視察衡陽的分署機關。

我們先到衡陽儲運站，晤主任彭頌霖。他所管轄的區域為衡陽市、衡陽縣、常寧、祁陽、耒陽、永興、安仁、茶陵、攸縣。酃縣未淪陷，但可分得營養食品，也由衡陽儲運站運送。此外還代轉運零陵、郴縣及邵陽三儲運站的物資。衡陽儲運站接收的物資，由漢口、長沙及廣州三處運來。由漢口運來的，工具係用火車，最多四十五噸一次，時間最快一星期，慢時在岳陽等車，須二十日以上。從長沙運來的，可用民船，大船可裝十餘噸，小船五六噸，所費的時間，如用拖輪，只要四天到七天，如全用人力，須時十四天，長沙發出物資，有時也利用火車。由廣州運來的，由行總的公路運輸處車運，每公噸里須三百元，費時約五六日。由衡陽儲運站發出物資，通船的地方多用船運，否則用車運。

離儲運站後，即至分署與衡陽救濟院合辦的衡陽育幼院參觀。院長湯慕蓮，謂院內現有職員三十人，保姆六人，奶媽二十九人，工友二十人，開辦費一千萬元，衣被費一千二百萬元，每月經費，也需要一千萬元。合辦時期，預定到九月為止，九月以後，由衡陽救濟院獨辦。救濟院每年有租穀一萬擔，其中四千擔可歸育幼院，所以假如今年的秋收好，穀子收得到，育幼院的經費，可以不成問題，院中兒童，現有九百二十九名，實際育幼院自四月一日成立以來，收容的兒童，已在一千以上，五月十二日，曾送一百名到第三善救工廠，五月二十九日，又送一百名到難民招待所。舊的兒童送出去，可以讓出空位，好收新的兒童進來。現在流落在街頭的兒童還是太多，楊處長的意見，以為有家可歸的兒童，可給以領麵粉券，令其回家，無家可歸的，才收容在所內。另外分署為應付衡陽的需要起見，擬辦第二育幼院一所，收容六百名，在籌備中。衡陽災情的嚴重，我們從這些兒童的身上，也可窺見一斑。湯院長說是五月十三日，收入兒童一百三十五人，其中患回歸熱的九十人，腦膜炎的六人，患痢疾的尤多。分署第五醫療隊，便駐在育幼院內，隊長張少泉說，昨日新收兒童一百三十名，其中患病者百分之六十，包括十三人有肺炎，十七人有肺病，十八人有回歸熱。真正健康的，只有二人。入院的兒童，經治療後，疾病減少。育幼院初成立時，每日兒童要死三四人，近則三四日只死一人。現在因為病人還多，若干房屋，均為病房，將來衛生狀況改善後，可將病房改為教室，先治他們的病，再教他們的書，這個步驟是很對的。在院的兒童，現在日食三餐，早餐吃一頓牛奶，其餘二餐，或為兩頓白米飯，或為一頓飯，一頓麵。

在午餐時，楊處長告訴我們衡陽疏送災民的經過。自本年三月起，衡陽市的災民，日漸增加，大部份都是鄉下來的。他們所以跑到衡陽市來，一因衡陽市自二月起，開辦粥廠，起初受賑的只有一千七百人，三月二十日以後，受賑的多至三千四百人，鄉下人聽說城裏有粥吃，於是好些吃野草度日的，都跑來了。二因衡陽市的店舖多，酒館多，討飯吃比較容易。到了五月初旬，衡陽市街頭的災民，多到五千八百餘人，外面來的客人，初到衡陽，不知底細，看到街頭這種情景，還以為衡陽市是乞丐的集中營呢。五月二十二日，衡陽辦事處與市政府商議，決定設法疏散。六個工作隊於晚間出動，調查街頭露宿的災民，凡有家可歸的，發領粉證，凡無家可歸的發收容證。有領粉證的人，第二日到六個領粉站去領二斤麵粉及通知書，持通知書，可以到鄉下工作隊那兒去領救濟麵粉，每日可得八兩。有收容證的，分送到四個收容所中，每人每日也可領粉八兩，後因災民說是吃不飽，改為每日發十二兩。四個收容所，一為省黨部主辦，一為青年團主辦，其餘兩個，由衡陽各界救災工作團主辦。疏散的結果，下鄉的有三千一百人，進收容所的，有二千餘人。現在街頭還有不少難民，所以救災工作團，擬再成立兩個收容所，收容一千人。

下午過江參觀第二難民服務處，此地可住難民三百五十人，最多時曾住過八百人。難民以安徽人為最多，湖北次之，鐵路員工，則多為華北人。難民在服務處普通只住一日，即由處免費運送。住所難民，可免費享受沐浴，理髮及滅蝨。伙食每日兩頓，規定每日食米九合，油六錢，鹽四錢，小菜一斤。患病的可以送到仁濟、仁愛兩特約醫院免費診治。離衡陽時，如赴長沙、零陵及邵陽，均發伙食費二千元，到衡山及耒陽的，發一千元。自去年十一月成立時起，到六月十二日止，輸送的人數，共計二七，一七九人，旅費及伙食費，共支二千四百餘萬元。

離了難民服務處，我們去看分署所辦的第三善救工廠，這一類的工廠，分署一共辦了三個，其餘二個，在長沙，目的在救濟失業的技術工人。第三善救工廠的廠長為王賜生，於三月四日接到籌備命令，五月一日正式開工，現有紡織、印刷及捲煙三部，共用學徒一百零一人，技術工人六十九人。技工由鄉鎮公所、黨團部及參議員介紹本縣災民充任，也有少數是長沙請來的。技工的待遇，最高的每月六萬元，平均為三萬元至四萬元。

我們在湘江東岸，參觀了分署設立的機關之後，順便去遊彭玉麟的花園。園中萬字橋及湖心亭，皆已倒敗，雜草叢生，證明此園已久無人管理。我們闢開亂草，去訪吟香館詩塚及退省盦鶴墓。據楊處長謂彭玉麟未發達時，在渠家當舖中做夥計，悅一女郎，惜此女已訂婚，未能結為白首，後來彭所作詩，多為戀舊之作，死前盡取此項香豔詩詞埋之，成為吟香館詩塚。彭晚年愛一白鶴，有謂其所愛女郎之名，有一白字或與此有關。鶴死於彭前數日，詩塚與鶴墓題字，都是彭扶病時書。我們看了彭家花園之後，又問楊處長衡陽尚有其他名勝否？他於是帶我們到湘江與蒸河的會流處，去看石鼓書院，書院為宋至道三年李士真請於郡守建立，衡陽會戰時，書院曾作砲位，今已全毀。

六月十七日　星期一

早十點半到市政府開災情座談會，到各區區長及工作隊人員，仇市長碩夫主席。

衡陽市現在組織了一個衡陽各界救災工作團，專門辦理市區內救濟工作。工作團的經費，由市商會認定四百萬元，銀行界已捐出一百八十萬元，其餘由各機關團體自動捐助，總數還未結出。工作團過去已經進行的業務，一為調查飢民，經各工作隊調查造冊報告，全市八區非賑不生的災民，已達六萬六千餘人，其中以第七區及第八區為最嚴重，每區災民人數，都超過一萬人。二為組織急賑工作隊，湖南分署，派在衡陽市的工作隊，共有四個，負發放麵粉的責任。分署一共分配了三次麵粉，第一期發了二十二縣，衡陽市不在其內。第二期衡陽市得三十萬斤，預備救濟二萬人。第三期衡陽市得了七十五萬斤，預備救濟五萬人。待賑的災民，如此之多，分署的工作隊，人數太少，所以工作團另外組織了四個急賑工作隊，去協助分署工作隊，推展急賑工作。

工作團設立的工作隊，有隊長一人，隊副一人，隊員十二人。衡陽市共分八區，每一工作隊，擔任兩區發放的工作，因為人手眾多，所以第二期的麵粉，早已發放完畢。除此以外，工作團還設立了難民收容所，收容流落在衡陽市街頭的難民。難民久經風雨，又兼營養不足，所以有病的人很多，自收容之日起，至六月十五止，計在所中已死去三百三十八人，平均各收容所，每日要死十六人以上。死在所裏的人，由各所掩埋，呈報工作團核實後，發給掩埋費一千元。其餘死於各街巷的，由工作團僱有擔肩隊十二人，專負掩埋工作，每名發給掩埋費二千元。昨日天雨，衡陽市街巷中的難民，已死去五人。

工作團對於分署的希望，目前共有四點。第一，請以多量麵粉，配濟衡陽市，並盼按時運到。第二，請以大量防疫藥品，配濟衡陽市，並以最有效方法，從速撥發。第三，請派飛機來衡市區，散放D.D.T.。第四，天氣已漸炎熱，災民多無衣服換洗，請迅撥夏季衣服，發放災民，俾資換洗，而重衛生。

下午，我們到郊外去參觀第三難民收容所，共收災民五百餘人，有病的另居一屋，但無醫生醫治。據云工作團曾設立一醫療隊，設隊長一人，由市衛生院院長兼任，副隊長一人，由市民醫院院長擔任，隊員數人，由兩院的醫生護士等擔任。但這些人都是有專職的，郊外交通不便，所以醫療隊很少到難民收容所來，盡醫療的責任。

離難民收容所後，到第八區區公所去參觀，這是市長認為衡陽市災情最重的一區。我們到區公所時，見有數百災民，候在公所門外，問辦事人員，才知道今日第八區發第二次麵粉，一二兩保的災民，於早晨七點，便來等候發放，但以工作隊人員未來，所以還未發出。我即告區公所的辦事員，可憑工作隊所發之領粉證，登記發放麵粉，不必令飢民久候。於是區公所的職員，一部份人散放麵粉，我們在另一間房裏，與副區長熊瑞南及李幹事步程談區中的災情。他們說了一些悲慘的故事。我從區公所的檔案中，看到各保報告飢民餓斃的例子頗多。如第一保保長何楚燊於四月二十六日報告，十一甲居民黃羅氏，有子黃建卿，因遭寇禍，田禾無收，益以連年災旱，生活愈加困苦，本年入春以來，日賴蔬菜嫩草度日，茲以菜盡草老，無物充飢，竟於四月二十四日晚服砒及王藤根而死。現一家四口，奄奄待斃，請求救濟。六月九日，第二保李春林報告，第六甲內居民，唐德星、顏賢祿，第九甲內楊云詩等三名，因無法接濟糧食，於六月初六至初八三日，相繼斃命。六月十五日十四保保長李東壁報告，第五甲居民李太坤，因此次麥粉延期，數日無食，昨於十四日至耒口問麵粉，晚間歸家，立即倒地斃命。我看了李太坤的例子，格外覺得今天要區公所不等工作的人員到場，便發麵粉，是很對的。

區公所的附近，有一酃湖，我們順道去參觀，此湖並不大，但比衡陽市內的蓮湖已勝一籌。湖水可以釀酒，名壺子酒，聞在前清時，曾以進貢。歸途在復興街上車，適區長捉得強盜二人歸來。強盜以玩具手槍，搶一挑夫，得洋約萬元。經區長號召民眾包抄，即行就擒。強盜二人，一本縣人，一邵陽人，皆飢民逼而出此。區長並謂十三保某戶，有穀八擔，飢民數十前往請食，謂不給則搶。此人報告區長，派警前往彈壓，飢民謂放槍也不怕。不得已，與飢民代表商討，由某戶將存穀八擔中，提出兩擔，分與災民，一場風波，始告平息。

六月十八日 星期二

上午十一點半，衡陽縣救災委員會，在縣參議會開茶話會，邀我們去參加，主席廖議長報告衡陽災頗詳。衡陽於三十三年六月二十三日，即有敵人入境，八月十一日，衡陽市淪陷，到三十四年八月二十九日，始告克復。衡陽居交通中心，水運居湘、耒、蒸三水合流處，鐵路有粵漢、湘桂二線，公路有衡宜（宜章）、衡零（零陵）、衡寶（寶慶）、衡潭（湘潭）四線，驛路有衡安（安仁）、衡耒（耒陽）、衡常（常甯）、衡湘（湘鄉）四線。敵人為扼守此項交通線，在衡陽境內，設了七十八個據點，全縣四十八鄉，每鄉都有敵人的足跡。縣西有長樂寨，漢以後，大旱不旱，大亂不亂，所以有長樂之名。縣東有白水嶺，高十餘里，山菁林密，有東鄉長樂之稱，但都為敵人先後攻陷。在淪陷期內，敵人搜括物資，無孔不入。糧食一項，損失約二百四十萬市石，耕牛十萬頭，現損失約九萬頭。衣的方面，全縣二十四萬戶，每戶因遷徙或被擄掠損失之衣，至少三十件，共約七百萬件；每戶損失被褥至少二床，約五十萬床。住的方面，濱河住宅，多磚石建築，高處則為茅蓋土牆。全縣二十四萬戶，普通每宅可住三戶，共有住宅八萬棟。寇至，沿交通線屋宇被敵人燒燬的，約三萬棟，其餘因駐兵而毀其門壁窗戶的，約一萬棟，共為四萬棟。寇災之外，衡陽又遭旱災。三十三年春夏兩季，一連八十日不雨，三十四年春夏兩季，一連九十日不雨，蓄水塘池，全成赤地。稻田失去灌溉，收成大為減低。三十三年及三十四年，因旱災而損失的稻穀，估計共為九百六十萬石，可見在衡陽，旱災造成的糧食損失，其嚴重性過於寇災。

糧食的損失，既如此之鉅，所以衡陽的災情，非常嚴重。據衡陽救災委員會調查，全縣非賑不生的災民，有四四一，六一〇人，餓斃的人數，到五月底止，已有二六，四二九人。這個數目，也許過於誇張，但據參議會收到各鄉鎮所報餓斃的人，有姓名住址可考的，四月份為四百四十二人，五月份為一千一百二十一人。這是在我們所經的區域，餓斃人數最多的一縣。災民的生活，在食一方面，因無糧食，只有以野草等物充飢，其名目有下列各種：(1)藷渣，(2)田菜，(3)菜根，(4)蕨粉，(5)浮萍，(6)葛根粉，(7)餓腸草，(8)嫩樹葉，(9)地皮菰，(10)夏枯草，(11)蒲公英，(12)觀音土，(13)槲樹皮，(14)苦齋公草，(15)豆渣，(16)酒糟，(17)糠粃。衣的方面，冬令無棉衣，春寒無夾衣，夏熱無單衣，虱蚤成團，致患疾疫。住的方面，沿各交通線房屋，多被敵寇焚燬或破壞，僅成門窗瓦片。災民受飢餓逼迫，多將此項門窗瓦片變賣，購買食物充飢。除此以外，災民的苦況，經救災委員會的研究，還有六點，一為各鄉鎮糧食吃盡，救濟物資過少，災民餓斃的，日有所聞。二為災民為飢餓所迫，投水懸樑，服毒自殺，經各鄉鎮公所查報的，已有五百六十四次。第三，災民結隊數百人至數千人，來縣請賑，或請逃荒，雖經縣府訓令鄉鎮長，極力勸阻，並予撫慰，但仍有成隊災民，陸續來城，途中筋疲力絕，死於道上的，數見不鮮。第四，災童無父無母，流浪於馬路街頭，風餐露宿，終宵號哭。第五，災民鋌而走險，結隊搶劫食物。第六，災民過去以野草充飢，今則野草多被食盡，飢民有因爭草而發生糾紛的，也有自動分山，以為採草範圍的。

救濟工作，省政府曾撥急賑款一百三十萬元，旱災賑款一百五十九萬元，王主席南巡賑款五百萬元。湖南分署，曾發急賑款一，四七三，八二〇元，寒衣二，七〇三件，耕牛貸款一千萬元，種子肥料賑款九百零五十萬元。但最有價值的救濟，還在糧食方面。在工作隊未來發放麵粉之前，分署曾發給衡陽縣麵粉三次，第一次發七十五噸，是為辦施麵廠之用的，第二次六十噸，是為塘壩工賑之用的，第三次是余署長到衡陽看災後，特別撥付的，有三十五噸。這些麵粉，都作為急賑之用，三月二十二日發過一次，四月二十日又發一次。分署的工作隊成立後，分配過三次麵粉，每次衡陽縣的所得，都在其他各縣之上。第一次衡陽縣得六十萬斤，擬救濟二萬人至四萬人。第二次衡陽縣得一百二十萬斤，可救濟八萬人，第三次衡陽縣得四百二十萬斤，可救濟二十八萬人。總計湖南分署在衡陽縣（衡陽市不計在內）所發的麵粉，如以每斤值三百元計，共值十九億元以上。這樣大規模的救濟，在中國歷史上是空前的。假如湖南分署不在衡陽辦理這種工作，衡陽縣四十餘萬非賑不生的災民，有多少還能活著，是一問題。也許在那種情形之下，他們會為生活所逼集體作亂，社會的秩序，就無法維持了。

在茶話會舉行之前，我曾請廖議長把縣參議會的檔案，與救濟有關的給我一閱。這些檔案，有的是報各鄉災情的。如凰飛鄉鄉長李澄濤於五月三十日報告，第八保第九甲第十四戶居民蕭良桂，同妻陳氏，因飢餒難忍，竟於十九夜自縊斃命。又第十一保第七甲唐聲榮，年已壯齡，以告借無門，兒號妻啼，腸斷心傷，於昨服毒身亡。元梅鄉救災分會主任朱寅，五月十一日報告，第三保朱家堰朱王氏，閉門隱臥三日，於本月七日晚至下屋後山腳，尋得青草一把，煮熟食之，不知雜有何項毒草在內，食後一時之久，腹即作痛，未至天明即斃。又第七保魯草沖農民胡傳其，飢餓四日，仍強往田中，鼓氣工作，因肚空力盡，隨即眼暈，冷汗如洗，人事不醒，倒地即斃。七賓鄉鄉長羅子策四月報告，本鄉第十保、十一保、十三保飢民，聯合老幼男女，冊報四百六十三人，請發護照逃荒，經本所派員前往安慰，未便准行。建新鄉鄉長歐陽維堯六月一日報告，鄉中忍痛犧牲，以親兒愛女，變價充飢者，日有所聞。如第一保劉漢榮，售一嬰孩於某連長，得洋八萬元。蘇揚炘以十四歲之女孩，售米一石六斗。劉海北賣一嬰孩於站長，得洋六萬元。劉漢燈售一十四歲之女孩，得洋一萬元。第三保陽壽山將四歲小孩售與郴縣某商家，得洋五萬元米二斗。

餓斃、自殺、逃荒、賣女，這是飢饉社會中的慘痛現象。

還有一些檔案，是關於發麵粉的人作弊的。此種案件，自發賑技術的觀點看去，頗可研究。第一個案子，關於一個鄉公所職員的舞弊，經人告發後，鄉長處置此案的經過。廣福鄉鄉長費魁於五月八日呈：「本鄉長前因本鄉災情慘重，特赴衡市發起募捐救災，鄉的公務，由本所民政幹事費豪代拆代行。此次工賑改為急賑，該員事前未奉到明令，因鄉公所經費困難，乃向各保暫借麵粉四十斤零十三兩，共計三百六十七斤半。本鄉長接讀救災分會副主任委員左鵬之函，始知原委，故於五月三日回所，按本鄉災情重大，自不能擅自挪借，除將該員免職，以示懲戒外，現將所借原有之麵粉，經縣府派羅指導員韜，臨鄉監放。」這一類的案子，分署時有所聞，所以在四月中旬之後，便將麵粉交由工作隊直接發放。但是工作隊的隊員，也有作弊的，如集福鄉公所於六月七日報告，謂承湖南善後救濟分署急賑工作隊，派遣曾王兩同志蒞鄉徹查，確係非賑不生災民，廣泛救濟，調查工作完竣發放。詎曾查放員偉榮，見利起貪，暗攜表弟彭文連專供驅使，於發放第一日（六月五日）午前十二時，即令彭文連混入災民中，冒領食米四老斗零九合，囑其代賣，款入私囊。次日又蹈覆轍，冒領食米九十八市斤，當經本所幹事尹自建察覺，追至板市中節街扭轉，將米退交原處，人即送所偵訊。該彭文連承認米賣給玉順客棧，每斗價七千元，除喝茶吃用花去四百五十元外，其餘悉已交與曾偉榮。工作員曾偉榮見事機破露，難逃法紀，竟回隊調往劍山鄉工作。此案可以證明一點，即發放麵粉或其他救濟物資，如欲免除弊病，應在制度上著眼。我們應當定出一個方法來，使經手的人，無法舞弊，即有舞弊的，也可以容易查出矯正。不此之圖，只在人事上想法，效果是很小的。上面我們從檔案中抄出的兩個案子，說明了鄉公所人員固然有人作弊，但是換一些工作隊的人員去代替鄉公所人員的工作，作弊的事，依然是可以發生的。

下午我們到致和鄉看了鷄窩山及大橋舖兩村的災情，居民只有少數有豆吃，大多數的人吃草及糠。鷄窩山是致和鄉公所的所在地，我們遇到代理鄉長蕭功成。據說前任鄉長劉誼，與經濟幹事蕭陶朋比為奸，在第一次發麵粉時，應發四百五十名，只發四百四十名，每人應得七斤半，實際只發七斤。此項作弊行為，經民眾代表陸續告發，現在鄉長已送法院。我問蕭代理鄉長，麵粉到了鄉公所後，是如何分配的。他說先由鄉公所召集鄉民代表、保長、中心學校校長及公正士紳約二三十人，將鄉公所得到的名額，分配給各保。五月十二日，曾發過一次麵粉，鄉公所將所得到之名額四百五十名，按十四保分甲乙兩級分配。甲級每保得三十四名，乙級每保得三十一名。保長得名額後，回去召開甲長會議，分配各甲名額，甲長召集各戶，決定受賑災民。依規定，每名可得麵粉七斤半，但如保內窮人太多，亦有三四人共分一名的麵粉。蕭代理鄉長又告訴我，災荒期內，鄉公所經費無法籌措，只好由鄉長及鄉代表會主席，向本鄉在衡陽市的商家借貸，已借過十五萬元，不足之數，由鄉長私人借貸，已借過一擔五斗米。所有借款均於秋收後徵收歸還。鄉公所的費用，現在每月造預算表，交由鄉代表會通過施行。

六月十九日　星期三

衡陽到長沙的公路，因大水不通，改乘輪船赴長沙。早四點即起，將到碼頭時，見一窮漢餓斃路中，將屍移開，車始得過。七點二十分開船，下午十點到長沙，宿青年會。

六月二十日　星期四

早八點起，姚副署長雪懷及長沙市長汪浩來會。署長余籍傳因公赴滬未歸，我們與姚副署長同至分署，訪問各組主管人員。

儲運組主任陳嘉俊談，總署配發湖南的物資，其主要運輸線有二，一為自滬經漢來湘，其中滬漢段運輸工具為大型登陸艇，中型艇及輪船，漢湘段工具為登陸艇、火車、輪船、民船等。第二運輸線為自廣州運湘，工具為火車、汽車。第一線比較重要，湖南所得物資，約百分之八十，由此路來。至目前止，分署所收到的糧食，有麵粉一萬三千噸，米二千二百噸，小麥一千一百噸。三月以前，長沙水位低落，粵漢鐵路未通，運輸困難，救濟物資，到達的湖南極少。四月以後，逐漸加增，但運費也就成為難於解決的問題。自長沙至衡陽，每噸物資，全程輪船運費，最低為四萬一千元，汽車每噸為六萬六千二百元。這是交通最便的一段，運費一噸物資，便要花這樣多的錢，如把運往他處的物資所花運費平均計算，則在湖南境內，運一噸物資，需洋十萬元。如運一萬噸，便需十億元。現在運費不夠，致長沙有一千多噸物資運不出。此外運輸方面所感的困難，即為缺乏迅速的交通工具。公路運輸處有四十八輛卡車，但缺乏汽油，且此機關雖為行總所轄，但須以營業收入，養活自己，所以常想做商家生意，對於運輸救濟物資不大熱心。汽車運輸，尚有一大問題，即過渡太須時日，如能撥給中型登陸艇八艘，置於重要渡口，此項困難即可解決。又現在大型登陸艇，只到岳陽，中型登陸艇，只到長沙。目前水位甚高，如中型登陸艇，能直放湘潭之下攝司，便可為分署節省運費及時間不少。

衛生組主任李啟盤談：湖南醫院，在戰前有病床約二千二百張，抗戰以來，被敵全部毀壞的，有湖南公醫院，及肺病療養院二所。破壞在百分之七十的，有長沙湘雅醫院、仁術醫院、衡陽仁濟醫院、零陵普愛醫院等四所。其他收復區各醫院，及各縣衛生院，均受相當的損害。分署對於公私醫院補助的方法，一為發給建築費，已撥付一億五千萬元，醫院受此項補助的，共十五單位，另有長沙衛生院，曾得建築費四百萬元，衡陽衛生院得二百萬元。湖南的醫院，以教會設立的為多，共計十六個，省立醫院，不過四所，且除沅陵省立醫院外，餘均無房屋為應付目前緊急需要計，只有多協助教會醫院，使其恢復原狀，即可進行醫療的工作。衛生院雖只有兩個得到修建費，但收復區五十四縣市，每一衛生院均得補助一批器材，一批藥品，一批牛奶，共九百市斤。非淪陷區的衛生院，亦有補助，但數量較少，只六百市斤。除協助各地醫院及衛生院外，分署還辦了五個醫療隊，三個分駐在零道、零東、邵新（邵陽至新北）三條正在建築的公路上服務。其餘兩個，一在長沙難民服務處，一在衡陽育幼院中工作。每一醫療隊有一隊長，一副隊長，二護士，二助理員，一事務員。於五個醫療隊之外，分署還在各縣市公私立醫院中，特約十五院，便利難民就診。又特約十四院，便利貧民就診。費用規定由分署負擔，門診每號一百元，住院每人每日原為八百元，五月份起，增為一千元，均由醫院於月終向分署結算。防疫工作，分署已辦理的，一為滅蝨，曾以D.D.T.二百零五桶，分配於各交通據點，對於過境人民及貧民住宅，加以滅蝨處置。二為防治腦膜炎，本年三月間，即有腦膜炎發生，四月內各縣發生例證較多，先後由分署配發各醫院以配尼西林，俾資防治。長群中學發生此症的九人，其送醫院的，均經治癒。三為種痘，曾以牛痘苗二千五百打，委託省衛生處轉發各縣衛生院應用。四為防治霍亂，曾以霍亂疫苗七千五百瓶，分發各縣，作預防注射，並補助長沙衡陽兩市隔離醫院經費三千四百萬元，及麵粉六十噸，以利防疫工作。

六月二十一日　星期五

與賑務組主任周仰山及經濟室主任侯厚宗談分署救濟工作，包括下列各項目：(1)發急賑款，(2)疏送難民，(3)發麵粉，(4)救濟孤老殘廢，(5)兒童育養，(6)耕牛貸款，(7)小本貸款，(8)分發舊衣舊鞋，(9)分發營養食品，(10)水利工賑，包括堤垸塘壩，(11)修築公路，(12)建築平民住宅，(13)補助各縣市修復小學，(14)辦理善救工廠，(15)發放種子肥料賑款，(16)茶農貸款，(17)臨湘、湘陰、零陵等處火災及水災的緊急救濟，(18)補助各縣市慈善機關。

這一類的工作，我們在沿途各縣，已經看到不少，所以我們的談話，特別集中在工作隊一個問題上，關於利用工作隊來發放賑濟物資一問題，自從離開廣西的全縣後，就時常盤旋在我的腦海中。在救濟的工作中，我們是否要另外樹立一套機構呢，還是利用已有的地方自治機構呢？湖南分署顯然的已有所決定，便是利用工作隊來發放救濟物資，我便請周主任把工作隊成立的經過，詳細的告訴我。

周主任說：分署過去發急賑款，發舊衣鞋，發棉背心，是利用地方自治機構的，但是發生了很多毛病。聯總駐湘辦事處，於是提議不要假手他人，而由自己辦理。同時他們提議，在發放麵粉之先，應調查飢民家庭狀況，合格的發給合格證明書，憑證明書換取領粉證。災民拿到領粉證，便可向工作隊領粉。這一套手續，是非常麻煩的，於是聯總又建議先在長沙九峯鄉試辦，由分署調二十人，聯總派二人，分作兩隊，一隊調查，一隊發放，試驗一星期，得到結論，說是可以行得通，於是分署便在二十縣試辦起來了。

先從調查說起，分署所用的個案調查表，其包括十七個項目：(1)市縣，(2)鄉鎮，(3)保，(4)甲，(5)戶，(6)家長姓名，(7)年齡，(8)職業，(9)收入，(10)財產，(11)健康情形，(12)其他家屬，此項共分九格，預備九個人用的，每一個人，要回答八個問題，即姓名，與家長關係，性別，年齡，職業，收入，財產，健康情形，(13)食物，共分十六類，每類問家藏幾何，十六類之名稱，為米，麥粉，紅薯，豆類，蛋類，魚，豬肉，雞，豆腐，菜蔬，油，鹽，糠皮，草根，草類，及他，(14)全家收入，(15)全家需要，(16)全家缺額，(17)建議。這張調查表，一看便知道是一個不懂國情的人草擬的，以此來調查飢民，以為發糧的參考，是完全不合用的，但分署卻印了十萬張，現在大部份堆在庶務科。

工作隊拿著個案調查表，合格證明書，及領取麥粉證，於四月二十日以後，紛紛各奔前程，趕往各縣發麵粉。分署還印了很多佈告，交工作隊到一處，貼一處，這個佈告上說：

> 聽說你們這一地方，糧食缺乏，荒象一天一天的嚴重，甚至有餓死或自盡情事，本署長不勝憐憫，特呈准總署趕派急賑工作隊前來，調查貧苦災民，直接發放麥粉。茲規定貧苦災民為下列二種：(1)有生產本能而無力量經營的貧苦農民，(2)無產業又未受縣鄉救濟機關賑

濟的老弱殘廢和兒童。不論是上列那一種災民，依照規定，每人日給麥粉半市斤，至一市斤，每次發給一星期，或兩星期。

我願意在此插一句話，就是這張佈告，後來給工作隊添了許多麻煩。依照這張佈告的意思，似乎凡是貧苦災民，都可得到救濟。工作隊依照這種了解，也發放了許多領粉證。等到發麵粉時，發現麵粉的數量不夠，於是一部份得到領粉證的人，便領不到麵粉，空歡喜了一場。衡陽縣成德鄉公所所長顏學銓，曾以該鄉的此項經驗報告給縣長，其文如下：

前奉縣府恆社雲字第一〇七三號卯馬代電，飭趕造非賑不生名冊，計列八，九五〇名，飢民中尚未普遍，缺望實多。嗣奉派急賑工作隊隊員臨鄉，挨戶查驗登記，本鄉確有飢民一萬二千餘名。當宣言，凡屬非賑不生者，無名額限制，每日均可領食麥粉半市斤，並分發佈告，張貼各通衢，眾皆周知，異口同聲，贊揚政府德意。每日提籃攜袋，探聽麵粉到期，睹其情景，實堪感憫。茲准善救急賑工作隊張隊長本月三十日函，對於第一批麵粉，配發本鄉一萬八千斤，每人每日以半斤配發一星期計算，可發四，五〇〇名，或四，四〇〇名，囑於冊中選取最急迫待賑之飢民，填證領發等由，不勝驚惶。查前冊報之八，九五〇名，尚有漏列失望之飢民，業經隊員查實補入，並挨戶宣告領麵粉之數量，始交相慶幸，歡呼告慰。茲復變更如此之驟，減消如此之鉅，目為非賑不生之飢民，將甲有領而乙無，相率滋事，秩序如何維持，深為焦慮。

我們現在暫且不提那張佈告所闖下的禍，回頭來看工作隊下鄉調查飢民的經過如何。分署的賑務組，在長沙靜候工作隊的報告，湘潭的工作隊於五月初來電話了，說是至少兩個月，才可完成調查的工作。瀏陽縣的工作隊隊長親來報告，說是調查一保須十天，一個月只能辦三保。長沙的工作隊報告說，放在青山鄉的麵粉已起了霉，但調查工作，尚未開始。衡陽辦事處於五月一日即有呈文說：「查急賑工作隊，編配各縣，概為一隊，其隊員名額，由二人至四人，連隊長一員，至多為五人。在災區較狹，災民較少縣份，自可如期辦到。若以衡陽而論，其鄉為四十八，大者多至三十八保，小亦在十四保以上。幅員遼闊，縱橫動數十里，而非賑不生之災民，又復比比皆是。今以一工作隊，照規定辦法，先事調查，然後發放。若就連日冒雨來處請賑之緊張情形觀察，竊恐有遷延時日，緩不濟急之虞。」邵陽辦事處也於五月七日代電分署，略謂陳隊長於五月一日開始辦理靖生鄉急賑工作，於七日完竣。據該陳隊長報稱，以人員過少，手續太繁，如照鈞署規定調查手續辦理，每鄉至少需時十日，邵陽第一期待賑單位十二鄉鎮，計需時一百二十日，若不更求簡化，則恐麵粉尚未發到，而餓莩早已載途。

窮則變，分署知道舊的辦法行不通了，於是用兩個補充辦法來改進現狀。第一個辦法，是加增工作隊。在四月中試辦時，工作隊只有二十個，現在工作隊的數目，已加到一百四十八。人數計有隊長一百四十八人，隊員二百三十四人，共三百八十四人。隊數最多的為衡陽，共有二十四隊，次如零陵縣，有十隊，長沙有九隊，岳陽有八隊。工作隊在五隊以上的，有瀏陽、湘潭、衡山、邵陽、祁陽、東安。有好些縣份的工作隊，只有隊長而無隊員，如茶陵、宜章等縣。工作隊的數目，雖然加增，但其人數，如與自治機構的人數比較，還是相差得太遠。湖南各級民意機關及鄉鎮保長選舉，自去年九月起，至本年三月底，已全部順利完成。計選出鄉鎮民代表二，二三〇人，鄉鎮長及副鄉鎮長二，二三〇人，保長及副保長四二，五八八人，縣市參議二，二一五人，省參議員七八人，合計起來，共五一，三四一人，還沒有把甲長計算在內。三百八十二個人的工作，決不能代替五萬多人。分署解決困難的第二個辦法，便是簡易發放程序。簡化的辦法，是五月二十一日通知各縣政府的。以前所用的個案調查表、合格證明書、領取麥粉證，都取消了。新的辦法，要點有六：

(1)工作隊到達派定之縣份後，應即請縣府召集善後救濟審議委員會開會，依照本署核定該縣非賑不生災民總數，就受災鄉鎮災情之輕重，議定每鄉鎮應配待賑災民人數。

(2)工作隊到達應受急賑之每鎮或每鄉公所後，應即請鎮鄉長，召集鄉鎮民代表會主席及公正士紳各保保長等開會，依照縣政府前項通令，關於分配該鎮鄉待賑災民總數，就遭受荒災各保災情之輕重，議定每保應配待賑災民人數。

(3)工作隊到達應受賑之保後，應即請保長召集保民代表，公正士紳，及所屬各甲長開會，依照鎮鄉公所通令，說文解字一每甲應配待賑災民人數，並由甲長依照本署所定待賑災民清冊式樣，先行造具清冊。

(4)工作隊到達應受急賑之甲後，即憑甲長所造待賑災民清冊，施行個別調查或抽查，如發現漏列或不公允情事，應在原冊上增列或刪除，並須於增刪處蓋章，不另更造，以省時間。

(5)甲長所造非賑不生災民清冊，經工作隊詳查或抽查後，由工作隊長定期召集冊內災民發放麵粉，每一災民親自領訖。在冊內加印指摹，並由工作隊約請保長甲長，公正士紳，跟同發放。

(6)本省各被災縣市，凡經指定配發麵粉者，先由各該有關儲運站轉送各縣市政府所在地已覓定之屯儲地點，交由該隊駐庫負責人員驗收，再由該隊配運至發放地點。

這個辦法，雖然簡化了，但給工作隊的責任，依然還太繁重。現在的工作隊，依照規定，到了一縣後，要請縣政府開會，請鄉鎮公所開會，請各保長召集甲長開會，在交通不便的地方，他一天得跑多少路！甲長所造的名冊，他要施行個別調查或抽查。衡陽縣的一個鄉，大的多至三十八保，以每保平均十甲計，這三百八十多本名冊，是多麼高的一大堆！調查或抽查之後，他還要去領麵粉、運麵粉、儲麵粉、發麵粉，在他做這些工作的過程中，待斃的災民，不知道要死去多少！我看了湖南的經驗，格外覺得以工作隊來發放麵粉，不是一個可取的辦法。

下午參觀分署在長沙建築的平民住宅，共五棟，每棟可住六家，每家一大間，一小間，另有公共廁所。房租規定每月三千元，以八折計算。住宅雖已完工，但為軍官團的佔用，還沒有正式招租。又到長沙市的金盆區視察災情，據區長說，本區窮人雖多，但還沒有吃草度日的，顯見長沙災情，已不如衡陽的嚴重。金盆區共有七保，一一四甲，三，六四八戶，一萬六千餘人。五月二十八日，長沙市政府召集發放急賑麥粉會議，金盆區分到待賑災民名額二千一百名。五月二十九日下午，金盆區即召集保長會議，分配各保名額。六月十一日，即開始發放麵粉。我們又參觀了第三保的辦公處，知道第三保分得名額二百八十五人，分配給各甲時，曾按災情輕重而有厚薄。少的如第一甲只得七名，多的如十三甲至二十一甲，每甲得十六名。每名可領麵粉十五斤，但實際有兩家，共分一名的，最多五家共吃一名，每家只得三斤。第三保曾將領粉人名公佈，但未說明每人所領麵粉數量。第二保公佈的名單，曾註明每人領到麵粉數量，最多的領到二十二斤半，少的有領八斤，七斤，五斤的，最少的只領得二斤。這種公佈的名單，並註明每人領粉數量，是避免經手人作弊的最佳辦法。

六月二十二日　星期六

今日至民政廳、建設廳、社會處及農業改進所，拜訪主管人員。有一個問題，我想得到答案的，就是湖南飢民的人數。訪問的結果，沒有一個機關可以給我一個正確的答案，社會處與湖南分署，都接有各縣的飢民人數報告，但都殘缺不全。在這兩個機關所得的報告中，如加以比較，就可發現各縣在報告時，並非採用同樣的數目字。分署的表，是五月八日造的；社會處的表應該是五月底造的。兩個表上數字的相差，可舉數例如下：

縣名	分署表	社會處表
衡山	一一五，五〇〇	五〇，四三一
臨湘	一，五五六	五，〇〇〇
衡陽	四四〇，一六一	一六五，〇〇〇
邵陽	一五〇，〇〇〇	一五六，五二〇
耒陽	三一五，二三一	四〇，五八七
常德	二三四，五七五	二〇，〇〇〇

上列六縣，惟臨湘與邵陽，向社會處多報，其餘各縣，都向湖南分署多報，不管那一個數字，恐怕都是不可靠的。

另外有一個官方的估計，是湖南有災民三百五十萬。王主席東原，有一篇文章，題為〈湖南省政之新展望〉，登在六月十五出版的《自治月刊》中，乃是一篇對省參議會施政報告詞，文中曾說，湖南災情的嚴重性，甚於所聞。目前本省非賑不生的人民，約有三百五十萬。這個數目字，據社會處長劉修如告訴我，是根據糧食的產量與消費算出來的。湖南在平常年，產米一二一，六〇九，八一四公石，消費一一五，九四〇，九一二公石，尚有盈餘五，六六八，九〇〇公石。三十四年產量，只有六七，三一七，一〇七公石，消費量假定不變，應缺糧四八，六二三，八〇五公石。以雜糧二七，六二九，八〇〇公石彌補，尚缺稻穀二〇，九九四，〇〇五公石，即缺五百三十萬人一年的糧食。再以蔬菜抵補三分之一，全省缺乏糧食之災民，約有三百五十萬人。

這三百五十萬人的地理分佈，既無統計可考，對於分署分配物資時，並無什麼幫助。為得一客觀的標準，以為發放救濟物資的根據起見，分署曾邀請省政府、參議會、省黨部、三民主義青年團、民政廳，共同開會兩次，決定採用下列標準，來權衡各縣市災情的輕重：

(1)常住人口數，佔百分之十，每十萬人一分。

(2)淪陷區域，佔百分之二十，全部淪陷二十分，局部十四分，敵騎擾亂六分。

(3)淪陷時期，佔百分之二十，淪陷一年以上二十分，半年以上十五分，半年以下十分，敵騎經過五分。

(4)淪陷次數，佔百分之十，淪陷四次十分，二次九分，一次八分。

(5)損失程度，佔百分之二十，最重二十分，重十五分，次重十分，輕重五分。

(6)作戰情況，佔百分之二十，最激烈二十八，激烈十四分，有接觸六分。

根據以上各項標準，核定全省災區災情分數等第，計得二十分的，有二十二縣市，得十九分的五縣，得十八分的三縣，十七分的八縣，十六分的三縣，十五分的一縣，十四分的一縣，十三分的五縣，十二分的二縣，十一分的一縣，十分的三縣。這個標準，在配發麵粉時，並未有很大的幫助。第一，二十二縣市的災情分數是一樣的，他們是否應得同數量的麵粉呢？第二，湖南的災情，乃是寇災與天災的混合產物，上項標準，並沒有把天災的因素，計算在內。所以在配發麵粉時，這個標準，不過是參考資料之一種而已。署長自己巡視各災區時所得的印象，工作隊的報告，以及主管人員的意見，在配發各縣麵粉時，其所發生的影響，也許大於上面所說的標準。

六月二十三日　星期日

早起參觀長沙各倉庫，並到儲運站。長沙現已存有大量麵粉，今早到一中型登陸艇，載有三百噸，聞下午尚有另一中型登陸艇可到。分署以運費無著落，無法運出。此為湖南分署目前最嚴重的問題，前已為此事與總署去一電，今日再去一電，重申此點。

參觀長沙第二善救工廠，有工人約二百餘。

參觀湘雅醫院，門診部原有三樓，現只一樓。病床原有一八〇張，被敵人燬壞，經分署的協助，現已恢復一百五十張。病房現有三樓，擬恢復原有之第四樓，須款一億元。醫院附設之護士學校，初中畢業即可入學，校舍修建將完竣，已花七千萬元。湘雅醫學校，在建築中，須款二億元。

六月二十四日　星期一

早九點半由長沙啟程赴湘潭，分署派鍾視察華諤同行。長沙到湘潭的公路，我以前走過數次，極為平坦，戰時破壞，現在自易家灣到湘潭一段，尚未完全修復，車行甚苦。十一點半到湘潭，渡船為一大汽車所壓壞，正在修理，一時不能完竣，因先坐划船過江，在愛雅園午餐，然後進城，住縣府附近之國民公寓，本日只行五十公里。在公寓稍息後，往會縣長，未遇，見其秘書，科長，又晤工作隊顏隊長天亞。顏隊長於四月二十一日到湘潭，二十四日即在雨湖鎮開始調查工作。雨湖鎮有二十六保，顏隊長工作二十日，至五月十四始查完十保。彼於五月十日左右，便打電話向分署報告，說調查後發放麵粉的辦法行不通。五月十八日，得到口頭通知，謂個案調查表，可以廢止不用，可照新頒的辦法進行。四月自長沙出發時，顏隊長聽到福利專員訓話，謂有多少災民，即發多少麵粉證，不必受名額限制。到了五月十八日，才知道名額還是有限制的，於是只好登報，把以前發出的領粉證作廢。自五月二十日起，照新辦法發放麵粉，一二兩期麵粉，併為一期發放，至六月十八止，仍有一半鄉鎮未發。麵粉已經到了湘潭，只以工作隊的人員不夠，擱置不發，當然會引起地方人民的不滿。如五月二十六日，花蕚鄉公所呈縣府：「查本鄉災情慘重，荒象早成，飢民待斃，救濟刻不容緩。昨經電懇迅轉湖南救濟分署湘潭工作隊將運存本鄉馬公堰市之美麵粉，急為發放，並呈賫非賑不生名冊在卷。近待斃之飢民數千人等，均借貸無門，日日鬧擾本所數次，並聲言要將馬公堰市之麵粉，強擔充飢，縱犯法坐禁不畏等語。昨本月二十五日，又有鄉內飢民男女數百人，竟擔籮負袋，齊擁入馬公堰市，迫向寄麵粉戶之老闆家擔取。後經職及馬參議員建中，警察隊鍾隊長鳴皋，教育會當務理事唐澤嘉，及地方一班士紳等，嚴加開導，並約限於五日內，請求上峯發放，詳予解釋，始行退散。茲該飢民等實不得已之舉，倘一被強硬擔去，則本所殊難負責。茲特電呈鑒核，懇予迅轉湖南分署工作隊，於三日內來鄉發放，以救災黎，不勝屏營待命之至。」株州鎮公所於五月十一亦有呈文到縣府，略謂救濟總署賑災麵粉，業於五月二日，由尹科員押解運來三噸，一部份略已潮濕，當即起卸，寄存保管。惟時當霉季，該項麥粉，若囤放太久，恐將發酵，腐爛堪虞。且待賑災民，喁喁在望，均盼早日沾到實惠，以延殘喘。理合備文呈請察核，懇予迅轉急賑工作隊，火速派工作人員，來株監放，以恤災黎。這兩個例子，並不能證明顏隊長同其他工作隊的人員溺職，因為湘潭的工作隊，的確自朝至暮，在那兒黽勉從公的。但湘潭有三十五個鄉鎮，人口在九十一萬以上，縣府報告，非賑不生的人數，在十萬以上，分署配給湘潭的麵粉，第三期的也預備救濟三萬人。可是工作隊只有六隊，人數只有二十七個，要這二十七個人，分在三十五個鄉鎮中去發麵粉，無論如何是忙不過來的，所以結果是顧此而遺彼。這不是工作隊人員的失職，而是工作隊的制度，不能適應急賑的需要。

六月二十五日　星期二

今日由湘潭起程，經湘鄉抵邵陽，宿邵陽辦事處，行一百七十二公里。

分署所屬的機構中，有兩個辦事處，一在衡陽，一在邵陽。我問姜乾坤處長，辦事處的職責何在，他說該處任務有三：

(1)統籌計劃邵陽、武岡、新化、新寧、城步、湘鄉、安化等七縣的善後救濟事宜。

(2)協助總署在邵陽舉辦的鄉村工業示範組推行工作。

(3)指揮監督境內分署所設各機關，及急賑工作隊。現駐邵聯之分署機關，有邵陽儲運站，邵新公路工程處，及第三難民服務處。

到儲運站，晤羅竹虛主任。他說邵陽所得物資，多由長沙用汽車運來，費時二天至五天不等。運費如用木炭車，每公噸里為二百四十元，如用汽油車，便須三百六十元。自長沙至邵陽全程，用木炭車運貨，每噸需洋五三，二八〇元。由邵陽運物資至各縣，多用水運。由邵陽至新化，係下水，每噸運費一萬一千元。由邵陽到新寧，係上水，每噸二萬五千六百元。邵陽儲運站負責輸送之物資，只有城步一處，因交通困難，未運出。

邵新公路工程處，及第三難民服務處，因時間不足，未往參觀。據姜處長報告，邵陽至新化建築公路，係工賑計劃之一，全路共長七十五公里，於本年三月完成測量工作，四月十五日開始動工，工人就邵陽新化兩縣的災民，編組充任。每人每天，原發麵粉一斤半，副食費七十五元。嗣以工人不敷每日食用，呈准改發麵粉兩斤，副食費一百五十元，比零道零東公路上的工人，所得似乎略多一點。全路開工，可收容災民一萬二千人，截至五月底止，收容災民八千零七十人。

關於第三難民服務處，辦理已在半年以上，不久擬即結束。對於過境難民的招待，與他處相似，為供給膳宿醫藥，補助旅費，並剃頭、沐浴、滅蝨。自成立至六月十五止，計共招待一九，四五〇人，遣送難民一八，六〇〇人，共發旅費二千六百萬元以上。

六月二十六日　星期三

上午參觀平民住宅，有大房一，共三間，可住單身平民約百人，另小房二，每房六大間，六小間，可住六家。原建築價為一千五百萬元，現在鄉村工業示範組，以在邵陽租房不易，擬收購此項房屋，以為辦公之用。縣政府即以工業示範組，收購之款，另建平民住宅。

據工業示範組主任蔣光曾談，行總現擬以邵陽及廣東曲江兩處，為工業示範組工作地區。所以選擇此兩處的理由有五：

(1)縣區面積較大，人口稠密。
(2)交通較便，有鐵路、公路、水道，可資運輸，器材易於輸入。
(3)戰前手工業，規模雖小，然能以當地物力、人力，從事生產物資，供應農村，且雖經戰火，亦未遭破壞至不可復原之地步。

(4)與廣大之農業區毗連，且桐油產量豐富，抽水榨油技術之改進，及各種農業工具，需要甚殷。

(5)邵陽曲江兩處，相去不遠，易於兼籌並顧。

現在工業示範組之設計工作，已告完成，擬即在邵陽設置機械、硫酸、水泥、化學肥料、鍊焦、冶鐵、殺蟲劑、製革、榨油、碾米等十個示範工廠，然後在曲江，按照邵陽成規，次第倣建。邵陽的善後救濟審議委員會，曾有請賑意見書，送給分署，其中有一段，是關於手工業復員救濟的。當地的士紳，請分署救濟的手工業，為製革、皮箱釘鞋、靴鞋、皮件、棉織、造紙、磚瓦、製墨、民船、木作等十項工業。這個單子，與工業示範組所擬舉辦的工業相比，可以看出新舊工業的不同的在。

我們與蔣主任同去看了雙清亭倉庫之後，便去拜訪六區專員孫佐齊及參議會議長謝煜燾。據云邵陽有四十八鄉鎮，七百五十四保，二十四萬餘戶，一百四十餘萬人口。非賑不生的災民，在十五萬以上，餓斃的人數，根據各鄉鎮報告，已有五百零二人。邵陽雖與衡陽為鄰縣，但災情顯然不如衡陽的嚴重。孫專員分析其原因，謂一因邵陽有麥收，二因邵陽早已著手自助互助運動，三因地方長官負責。

分署在邵陽所發的款項，共有六種：

(1)急賑款一，五二四，三九〇元。

(2)平民住宅建築費，第一次一千五百萬元，第二次七百萬元。
(3)耕牛貸款一千二百萬元。
(4)種子肥料振款五百六十萬元。
(5)春耕農賑九百九十三萬五千元。
(6)小學修建費五百萬元，受惠的為循程、精忠，及群賢三校。
所發的物資，共有三種：
(1)麵粉四月份十五萬市斤，五月份六十萬市斤，六月份一百二十萬市斤。
(2)衣類計有棉背心七百十五件，舊衣二十二袋，鞋三袋。
(3)醫藥器材三批，已給衛生院。
下午離邵陽赴衡陽，仍宿中國旅行社，本日行一三五公里，晚楊處長及衡陽新縣長羅植乾來訪。

六月二十七日　星期四

上午與羅縣長及廖議長，楊處長等，對於衡陽救濟工作，再作一次的檢討。廖議長提出一點令人吃驚的事實，就是截至目前為止，衡陽縣還有船山、永福、仁安、新城、蓮峯、長樂、福政七鄉，未發第二期的麵粉。發急賑是救命的工作，像這樣慢慢的辦理，如何可以達到使命？我於是向縣府、參議會，及衡陽辦事處建議，發放麵粉的責任，還是要由地方自治機構擔任起來，工作隊只負監督、抽查、檢舉的責任，不作直接發放的工作。這是一個重要的原則，原則決定後，我提議的辦法如下：

(1) 縣府開會決定各鄉鎮受賑名額，各鄉鎮開會，決定各保受賑名額，可以自動辦理，不必等工作隊來請。開會時，可多約地方公正人士參加。

(2) 各保得到名額後，即召集保民大會，提出受賑者人名，在大會中通過後，即作為發放麵粉的對象。

(3) 衡陽儲運站得到麵粉後，即照縣府會議通過之各鄉鎮名額，算出每鄉鎮應領麵粉數量，通知縣政府或參議會，或各鄉鎮駐縣代表，派人領取，運至各鄉鎮公所。

(4) 鄉鎮公所，定期照保民大會通過之受賑者名單，發放麵粉。發放時，除鄉鎮長、鄉民表、保長在場監視外，災民亦可舉出二代表監秤。

(5) 發放麵粉後，各鄉鎮須造具領粉者清單，上載每人領粉數量，以保為單位，在鄉鎮公所公告全鄉鎮清單，在各保辦事處，公告各保清單。人民及工作隊，均可憑此清單，檢舉作弊行為。

我樂觀的對衡陽各界說，如照上列辦法進行，全縣各鄉鎮發麵粉的工作，可能同時舉行。只要麵粉運到，少則五天，多則十天，定可在各鄉發清，決不致如現在的遲緩。換句話說，採用這個辦法，許多要餓死的人，便可保全生命。大家都同意這個觀點，我於是把上述的意見，發了一個電報給余署長，請其斟酌採納。

六月二十八日　星期五

早八點半起程，至界牌舖下車視察，居民多吃豆及稀飯，災情似較輕。十點半抵耒陽，在耒陽境內，見數處集有數百災民，問袁秘書，知道耒陽現在還有粥廠施粥。這些災民，都是等候吃粥的。六月份起，城內即辦四粥廠，四鄉亦辦有十餘廠。耒陽有二十六鄉鎮，三百九十保，戰前人口五十八萬餘，現在只有四十六萬餘。自一月至四月，餓斃人數為七百三十一名，五月份餓死三百五十七人。分署在此的救濟工作，與他處大同小異。縣府對於救濟物資的需要，提出六點：

(1)糧食。耒陽縣平常產稻穀二百餘萬擔，每年缺糧三個月。去年因敵寇及旱蝗兩災，收成不過十分之三，人民糧食，早已告罄，現以糠粃草根充飢的，不知凡幾。估在計青黃不接時期，需要糧食一百二十萬擔。

(2)藥品。耒陽縣自淪陷後，人民轉徙流離，風餐露宿，各種瘟病，由此產生。流行最烈的，為瘧疾、痢疾、霍亂、潰瘍等症，最近腦膜炎亦相繼發生。值此大劫之後，人民元氣喪盡，生活已難解決，醫藥更無辦法，擬請配發霍亂疫苗，奎寧丸等藥品及器材，並充實衛生院各項設備。

(3)耕牛。耒陽耕牛，向來不足，每年春季，農民紛向鄰近各縣採購。自淪陷後，原有耕牛，多被敵人宰殺，鄰近各縣，亦因戰事影響，餘存無多，且每頭價款，至少在二十萬元以上，劫後災黎，實苦無力購買，估計縣中需要耕牛數目，為一萬頭。

(4)種籽。耒陽經此浩劫之後，十室十空，種籽需要，至為迫切，包括早稻種、晚稻種、高粱種、小麥種、蕎麥種、大豆種、黃豆種、綠豆種、棉花種，自一千餘擔至數十擔。

(5)布料。耒陽人民衣服被蓋，損失十分之七以上，無論鄉村城市，街頭巷口，衣不蔽體的，到處皆是。估計約需布疋一，三七八，二六〇丈，棉花四八一，一八四斤，方能勉強維持。

(6)住宅。修理房屋之材料，及一切家物器具的補充，雖可就地籌辦，然無鉅量資本，短時亦難復原。為免災民流離失所，有多建貧民住宅的必要。我們看了縣府提出的需要，再看分署已辦的救濟工作，知道耒陽人民的一部份需要，已經得到滿足了。

在耒陽飯後繼續起程，五點到郴縣，宿與中公寓，本日行一四一公里。

六月二十九日　星期六

八點離郴縣，宜章縣縣長伍勵元同行至宜章下車。自郴縣至小塘，共六十里，即出湖南境，公路立見惡劣。我們在離開長沙時，曾得湖南分署駐龍關專員曹雲松報告，說是湘粵邊境的橋樑，時為居民破壞，影響救濟物資的運輸甚鉅。如水牛灣便橋自三月二十六日拆斷後，六月八日始告修復，其後離水牛灣十三公里之小塘便橋，又被當地土人拆毀，估計約需二日可以修復，但十天尚未完成。水牛灣橋斷後，車輛停留該處的，約一百數十輛。每輛空車，過渡須二萬元，卸貨及上貨過渡，共需五萬元，因其如此，引起上下交征，於是故意拖延工程，聞每渡每日須奉送工程師八萬元，該處有渡船五隻，每日收入當有四十萬元。此種損人利己的貪污，殊可痛恨。我們過水牛灣便橋時，該橋已修理完竣，但小塘便橋，左右並無欄杆，橋中心走車輪的木料，有幾根是腐爛的，我們的車經過時，幾乎摔下河中，這是離開貴州後遇到的第一次險境。由小塘至坪石，凡十三公里。自坪石到樂昌，凡九十九公里，都是山路，道路迂迴曲折，若干地段，地基鬆軟，車行不但顛動，亦且危險。三點半到樂昌午餐，六點抵曲江，住青年旅社，本日行二二二公里。

湖南分署的鍾華諤視察，陪我們到廣東，現在任務告終，要我告訴他廣西分署與湖南分署工作的異同，我參考日記及手邊的資料，提出下列數點：

(1)在行政組織方面，湖南分署有五種三人小組會議，係由分署與聯總駐湘辦事處合組，協商辦理農業、工業、儲運及分配、衛生、社會福利各項技術之建議與招待。又在岳陽、衡陽、零陵、邵陽四處，分派外籍福利專員一人，國籍專員一人，常駐各區，督導賑務工作。廣西無此種組織。我的意見，以為聯總的職務，在督策及建議。至於政策的決定及執行，應在行總之手。總署如是，分署亦然，湖南分署的辦法，不足為訓。

(2)湖南在邵陽及衡陽，設有辦事處，廣西在桂林亦設有辦事處。查廣西分署，設在柳州，桂林為省會所在地，為便利業務的接洽起見，似有設立辦事處的必要。湖南的辦事處，並無存在之必要，兩辦事處處長，均承認其機關即不存在，對於救濟工作之推進，亦無不便。

(3)廣西為協助分署工作，在各縣普遍設立社會救濟事業協會，湖南有類似的組織，但其名稱頗不一致，有稱善後救濟審議委員會，有稱救災委員會，有稱分配委員會，有稱救災工作團。

(4)廣西分發救濟糧食，利用地方自治機構，只在興安與全縣，利用工作隊。湖南則普遍的利用工作隊。

(5)湖南人口，比廣西多一倍，災情亦較廣西嚴重，但湖南分署在成立伊始，只撥五千七百萬元，分發受災各縣市，辦理急賑，廣西曾撥款一億元，辦理急賑，比湖南反多近一倍。

(6)截至六月十五日止，湖南所得麵粉、米，及小麥三項，已達一六，六二一噸。我們於六月十一，離開廣西境時，廣西所得的糧食，只達五千噸。以人口及災情的不同來說，此種三與一之比例，雖不一定是總署的政策，但尚合理。

(7)關於農業的協助，湖南曾發種子肥料賑款二億六千八百萬元，廣西的同項支出，為一億四千萬元。湖南的耕牛貸款，為一億七千二百萬元，廣西為五千萬元。湖南在水利方面，曾提出麵粉二千六百八十五噸，款一千四百萬元，修復各縣城堤，堤垸及塘壩。廣西在水利方面，共費八千六百萬元。以上各方面，兩省的努力，大致相似。但廣西在全縣及興安辦理之農賑，實為一有識之創舉，不但湖南未辦，廣西分署在其他各縣，亦未舉辦。

(8)湖南在工賑方面，曾辦了三個善救工廠，修築零東、零道、邵新三條公路，廣西並未辦理此類工賑。

(9)衣的救濟，湖南的工作，較廣西為多。廣西只發過一百袋舊衣。湖南除散發盟邦舊衣外，且製棉背心、棉大衣、棉被，分發各地災民及過境難民。

(10)住宅的救濟，湖南所花的錢，也較廣西為多。廣西的平民住宅，集中於柳州及桂林二都市，共費三億七千萬元。湖南曾撥四億七千二百萬元，分發二十九縣市，建築平民住宅。

(11)教育方面的救濟，湖南所花的錢，遠不如廣西，而且比較集中於少數都市。廣西曾以二億九千三百萬元，協助被災各縣市修復中心小學，私立學校受惠的佔少數。湖南只撥了一億三千二百萬元，協助小學的修復，受惠的多私立小學，而且偏重於長沙、衡陽二都市，計長沙市受惠的有三十六校，衡陽市有三十四校，其餘九縣，自一校至四校不等。

(12)衛生方面的救濟，湖南所花的錢，更不如廣西，而且與教育所花的錢一樣，也是集中於少數地區。廣西在衛生方面，曾撥款三億五千七百六十萬元，協助修復省立醫院，各縣衛生院，及少數私立醫院。湖南只以一億五千萬元，協助各地醫院的修復，受惠的多為教會醫院，衛生院只有長沙與衡山二處，得到修建費。湖南的五個醫療隊，乃廣西所無。

(13)難童的收容，湖南與廣西的工作，份量相等。湖南在長沙、衡陽、衡山，設有收容難童機構。廣西在桂北的靈川、興安及全縣，設有難童收容所共三所。

(14)湖南處交通要衝，所以對於難民的遣送，當然所負責任，較廣西為多。廣西輸送的難民，至五月底止，約一萬五千人。湖南分署根據各服務處及服務站的報告，總和起來，得一遣送總數，至五月底止，為二〇〇，五二一人，其中有重複計算之處，因同一難民，在零陵受招待後，過衡陽、長沙、岳陽，復受招待，也就復被登記。一定要把這些重複計算的人除開，即各站只報起運的人，不報過境的人，此項統計的總和，才可表示由湖南遣送難民的總數。

(15)湖南對於慈善機關的補助，較廣西為分散，而且補助的方法，物資與款項並重。湖南的慈善機關，受到分署款項補助的，凡十一個，共一千六百餘萬元。得到物資補助的，凡五十一個。領得的物資，包括麵粉、罐頭、奶粉、俘衣等等。廣西的款項補助，數量較大，但集中於少數機關，如柳州兒童教養院得二千萬，廣西省會育幼院一千萬，柳州救濟院五百萬，容縣孤兒院三百萬，此外第四期事業費中，有各慈善機關補助費二千萬。物資的補助，限於營養食品，領得的機關，也較湖南為少。

六月三十日　星期日

今日晤廣東分署第三工作隊隊長陳信友，知廣東分署共有十二工作隊，除廣州市工作隊外，其餘工作隊，駐點如下：(1)廣州，(2)台山，(3)曲江，(4)高要，(5)惠陽，(6)汕頭，(7)茂名，(8)合浦，(9)瓊山，(10)樂會，(11)儋縣。廣東的工作隊，設賑務股、衛生股、供應股及總務股。隊設隊長一人，股長四人，幹事八人，共為十三人。任務在組織規程中，並無詳細規定，只說是工作隊秉承分署命令，辦理特定地區之救濟工作。廣東的工作隊，有一點與湖南的不同，就是他並不直接散放救濟物資。在廣東，散放物資的責任，是由各縣市局的善後救濟協會負擔。善後救濟協會，設委員七人至十五人，就當地黨部、縣政府、縣參議會、聯合國教會牧師、銀行、醫院，公正士紳中選聘充任，隸屬於廣東省政府及廣東分署。從工作隊的性質去看，廣東的工作隊，又有點像湖南及廣西的儲運站，因為分署發給各縣的物資，除少數例外，都是先發給工作隊。譬如第三工作隊，管轄地區，有曲江、清遠、南雄、英德、佛崗、翁源、始興、仁化、連縣、樂昌、乳源、連山、連南、陽山、等十四單位。這些單位應得的救濟物資，分署都交給第三工作隊轉發。可是在另一重要方面，廣東的工作隊，又與湖南廣西的儲運站不同。在湖南及廣西，儲運站要負責把各縣所得的救濟物資，運送到各縣縣府，運費由儲運站擔負。廣東則不然。本年四月二十九日，廣東分署，曾有代電給工作隊說：「查配發各縣物資，內地轉運問題，本署以運費過大，無力負擔，業經電呈總署核示在案。在未奉示復以前，為免救濟物資，無法放出起見，茲定折衷辦法，由該隊函知各縣政府設法派員前赴該隊，自備運費領收，以免滯留，而收迅速之效。」所以廣東的救濟物資，並不由分署送往各縣，而是由各縣自備運費，到工作隊領取。這種辦法，我們預料要發生很多流弊，因為我們已經走過了好多縣，與好些縣長談過他們縣中的財政，知道縣政府很窮，他們決沒有運輸救濟物資的一筆預算。

廣東的工作隊，又有一點，與廣西的相似，就是他們經常要到各縣去，視察各縣辦理救濟工作的實際情形。據陳隊長說，第三隊的轄區太廣，有若干縣份，他還沒有去過。

七月一日至三日　星期一至星期三

七月一日早坐達興拖輪赴廣州，三日早抵廣州，住新亞酒店。我於離曲江的前晚發熱，二日船過清遠後又發熱。抵廣州後，分署祕書主任鍾耀天及總務組副主任黃菩荃來訪，並介紹醫生來視疾。

七月四日至五日　星期四至星期五

兩日在旅館中整理湖南資料，寫成報告三篇，一說湖南災情，一說湖南救濟工作，一論湖南工作隊，寄與總署參考。

七月六日　星期六

凌署長道揚及鍾祕書耀天，陪往分署，與各主管人員談廣東分署工作。

先至會計處晤主任鄭士英，知廣東分署在一月以前，曾得經費二億一千五百萬元，開辦費在內。二月份經費為一億五千萬元，三四兩月經費為二億元，五六兩月為二億五千萬元。廣西與湖南兩分署，在五月份得到的經費，都比廣東分署大數倍。這是廣東分署所以不能把救濟物資運到各縣，而只能運到工作隊所在地的主要原因。

衛生組主任朱潤深談，廣東只有醫院九十三所，病床四千二百五十餘張，平均每八千人才分配得一張。這個數目，我們如與美國每千人有三張半病床相比，自然是相形見絀，但比廣西、湖南的病床設備，又勝一籌。現在公私立醫院，因經費缺乏，不能開辦的很多，分署為求各地醫院早日復原，以便展開救護防疫工作，所以對於若干公私立醫院，予以經費的補助。但以分署經費無多，所以協助各醫院的款項總數還不到六百萬元。除款項外，對於若干醫院，還有實物的補助，如廣州中央醫院曾得賑米十噸，佛山省立第三醫院曾得五十五噸。除協助固有醫院外，分署本身曾組織醫療防疫隊，分駐廣州市、曲江、汕頭、台山及海南島，辦理防疫及醫療工作。醫療隊有醫生二，護士二，助理三，環境衛生人員一，事務員一。分署還辦理一個防疫醫院，附設在方便醫院內，有病床八十，廣州市的醫療隊，也在方便醫院內附設九十病床，此外在其他醫院，還設了免費病床，廣州市共有此種病床二百五十張。每張免費病床，在六月以前，由分署每日津貼麵粉半磅，伙食費二百元，自六月起，改為每日津貼五百元。防疫工作，最注意的是霍亂。廣州市於三月間，即發現霍亂，七月一日，廣州市的醫院裏，還有霍亂病人四十七名。分署為協助市衛生局辦理夏令防疫，曾補助該局經費每月九十萬元，以為局中職員加工津貼。又組織D.D.T.噴射隊，分別在第一防疫醫院、市立傳染病院、方便醫院、各學校機關、市區公共場所，及各污水溝渠，作輪流普遍噴射。四月間並曾請香港政府，以飛機在廣州市灑D.D.T.。又配發市衛生局救護車二輛，在市中巡迴為居民打霍亂預防針，曾注射的，已有十三萬人以上。廣東現在有三十三縣，發生霍亂，分署除在廣州市辦理防疫工作外，並在曲江、高要、汕頭、惠陽、廣州灣、海南島設立防疫站，由工作隊衛生人員會同衛生院或醫藥機關合作辦理。分署所收到的藥品器材，曾分配與廣州市及縣醫院應用。得到救護車的，有中央醫院、柔濟醫院、博濟醫院、省立第一醫院、江村普惠醫院、光華醫院、市衛生局、市立醫院、方便醫院、中大附屬醫院。得到藥品補助的，共一二一單位。得到營養品的醫療機關，共四十單位。朱主任又告訴我，廣東現在訓練醫生的機關有三，即中山大學、嶺南大學，及光華醫學院，所以廣東不但病床比廣西湖南多，即訓練醫生的設備，也較廣西、湖南兩省為更充裕。

下午訪賑務組主任何伯平及副主任熊真沛。據云：廣東省一〇一個縣市中，有九十一個經過長期淪陷，或局部淪陷。所受損失，主要的為房屋被毀二五二，〇〇〇間，耕牛十五萬頭，河堤年久失修，稻田及旱田，被棄置而成荒地的，共六百萬畝。

廣東分署的賑務工作，一為舉辦冬令賑款，曾撥款二千七百八十萬元，分發八十五個縣市局。每縣所得的多寡不等，自十五萬元至五十萬元。各縣得到此種賑款後，如何分配，只有五縣對分署有報告，多以辦理施粥，或發給本地難民。

二為發放米麵及營養食品。至六月底止，分署曾由各工作隊發給各縣麵粉一〇，二五四，四四六磅，食米一三，一七〇，三八六磅，小麥七，九三〇包，（每包二百二十磅）煉乳一八，九九三箱，脫脂奶粉三，八一四箱，全奶粉四七，八九一箱，罐頭牛肉二一，六二五箱，淡奶六二，七八九箱，豬肉豆九，四三一箱，湯粉一四，三四〇箱，去水羊肉一，七八八箱，砂糖四，四二一包，（每包七十磅）。我問物資的分配標準如何。何主任說：分配標準有二，一為人口多寡，以每五萬人佔一分配單位，二為戰災輕重，分為全部淪陷，部分淪陷，被敵竄擾，縣境完整四項，其分配比例為五，三，二，一。各縣市局分配數，即為人口單位及戰災輕重單位之乘積。分署留存二三七單位，為急需或各縣市不敷之用，連同各縣市局分配數，其總單位為二，三四〇。以上總單位及各縣市局所佔單位，製成百分比，分配物資，即以此為標準。今以番禺縣為例。番禺縣的人口，以每五萬人佔一分配單位，可得十七單位。戰時番禺縣全部淪陷，故從災情輕重方面看去，番禺應得五單位。番禺之分配數，為人口單位及戰災輕重單位之乘積，即為十七乘五之得數，為八十五，此為番禺之分配單位。全省總單位為二，三四〇，番禺所得之單位，佔總數百分之三·六，所以在分配物資時，番禺也應得百分之三·六。這個標準，在我所見的各種標準中，是最具體，最客觀的一個，但應用此項標準去分配物資，是否公平，則為另一問題。譬如以全部淪陷之縣，與局部淪陷之縣相比，局部淪陷之縣，多為拉鋸戰的所在地，人民所受的損失，也許比全部淪陷的縣還要多些，但如用廣東分署的標準，他所得的救濟物資，便要少些。分署的人，也知道這個標準，不可呆板應用，所以在分配救濟物資時，有時還參考其他的標準。

三為發放舊衣，為使無衣民眾，獲得衣著，分署曾將盟邦贈送的舊衣，在廣州市散發四八，一一九份，另發放六十三個收容單位，計九，七二一份。在各縣依照物資分發標準，配發舊衣一千包，舊鞋五百包。

四為輸送難民，由各地工作隊及西江輸送站、南雄接運站，及坪石接運站負責辦理。至六月底止，共送一八，四五九人，其中由西江輸送站輸送六，六六六人，廣州工作隊送六，一六六人，瓊山工作隊送一，八〇二人。廣東分署所輸送的難民，有兩種特殊的人物，一為台灣人民，由分署僱船自廣州及海南島送其回籍。二為華僑，已有二千餘人自各地送來廣州，分署正設法代覓船隻，輸送出國，在未輸送前，先在廣州及汕頭等設華僑招待所，或華僑宿舍，以便集中管理。

五為水利工賑，分署已辦之工作，計有五項。一為廣州清濠，廣州市東西濠及玉帶濠，為全市三大幹濠，抗戰以來，污泥淤積，分署因與市工務局計劃清除，除工具及技術人員，由工務局負責外，工人工資，由分署以工賑方式，選用難民充任，共僱用工人一，三六八人，隊長每日工資六百元，班長四百元，工人三百五十元，規定以麵粉照每磅九十元折發，此項工程，已於五月初完成。二為修復石牌鄉農田水利，石牌鄉鄰近市郊，水利工程，經敵人摧殘殆盡，分署撥麵粉二千餘磅，國幣三十餘萬元，興工修築主要灌漑陂塘，可灌稻田一萬三千畝。三為搶修蘆苞水閘，該閘長一〇一公尺，捍衛三水、南海、廣州等地，歷年經敵盤踞，已失節制效用，分署特撥麵粉四百噸，委託珠江水利局，辦理搶修工作，完成後受益田畝在二百萬畝以上。四為修築清遠河堤，此為廣東防潦主要設備之一，堤長二十公里，保衛人口六萬餘，村莊六百餘，農田二十餘萬畝，現由分署撥麵粉二百噸，會同珠江水利局等機關，組織工程隊出發該地修築。五為修理全省第一期三十五個大小基圍，此項基圍，分布於高要、新會、三水、南海等十一縣，保護水田約二百七十餘萬畝，分署迭據各地基圍董事會，申請協助修理，擬先撥麵粉三百噸，推動此項工作。

六為修復公路。廣東全省一萬四千公里之公路，大部被毀。廣九公路，長一五四公里，由廣州至東莞一段，長約六十公里，經廣東公路處臨時修復通車。東莞至深圳一段，長九十四公里，為急於通車計，由分署撥麵粉三百五十噸，以工代賑，協助公路處修復。此外廣韶公路，長三二二公里，韶小公路，長一六三公里，韶庾公路長一三一公里，分署均計劃協助公路處將路面改進，並將臨時木橋，改為永久式橋樑。

七月七日　星期日

今日參觀中山大學及嶺南大學。嶺南大學，校舍及圖書儀器，無甚損失。中山大學的房子，沒有什麼損傷，但房子裏面，都是空的。學生上課，自己帶一條小櫈子去坐，帶一塊小木板，放在膝頭上，為記筆記之用，下課時仍自己帶走。我們看了許多講堂，可謂除四壁外無一物。

七月八日　星期一

在分署做紀念週，我講廣西、湖南如何發放物資。完畢後，訪儲運組主任關士敏，知道廣東分署至六月底止，已收到物資二萬一千噸，運出一萬八千噸，餘約三千噸，不久可以運出。分署倉庫，可容一萬三千噸，擬再加擴充，容納二萬五千噸。

分署運出物資，多用水運。每噸物資由廣州運至海口，每噸五萬四千元，到廣州灣每噸四萬八千元，到汕頭三萬五千元，到曲江四萬二千元，到台山一萬五千元，到惠州一萬三千元，到肇慶八千元。

廣州有一行總的儲運機構，就是廣州儲運處，負責儲運行總九龍儲運局轉運救濟廣東、廣西、湖南三省的物資。處長馬開衍說，自二月十八起，到六月底止，共到物資四六，五一七噸，二月以前曾到九千餘噸，共到五萬五千餘噸，運出約四萬噸。物資來源，除一萬噸自上海運來外，其餘都從九龍進口。物資分派的比例，起初為五，三，二，以五成歸廣東，三成歸廣西，兩成歸湖南。自五月份起，改為四，四，二，即廣東與廣西各得四成，湖南還是得兩成。運費由廣州用輪船運到梧州，每噸自八千五百元至一萬二千元不等。由廣州運往曲江，每噸自四萬二千元至四萬五千元不等。到梧州的時間，約一星期，到曲江約二十天。由曲江到衡陽，託行總公路運輸處代運，每噸公里二百四十元。由曲江到郴縣，用火車運，每噸一萬六千元。我問馬處長，九龍儲運局，離廣州很近，廣州儲運處的工作，可否即由九龍儲運局代辦。他說，九龍雖然靠近廣州，但港九並非內地，物資運到港九，還不能說是運抵國門，所以在廣州還應設處轉運。還有一點，就是港九行使港幣，如在港轉運物資到各省，便要支付外匯，而在廣州則可使用國幣。照現在的匯率，由港九逕運物資到各省，所需費用，反較由廣州接運為多。且此項業務，在廣州辦理，直接間接受惠的，不下三萬餘人，對於救濟廣州失業民眾，有其重大的貢獻。

儲運處在辦理業務時，所感到的困難，共有四點：

(1)儲運處負責運輸，但無運輸工具，招商承運，管理困難，且商船往往為軍隊封用，不能暢運救濟物資，以致物資堆積港口倉庫，不能照預定計劃運出。

(2)九龍上海的物資，不能平均起運，每每一天或幾天之內，就到一二十隻船，起卸來不及，躭擱船方回程，固然要賠償損失，而且倉庫的地位有限，鉅量物資於短期內同時到達，儲藏也發生問題。

(3)物資到達廣州時，包紮常有損壞，箱裝罐頭，也有在中途被竊或掉換的，如逐件啟驗或過磅，時間金錢都不許可。但貿然收下，將來損耗的責任應當歸誰擔負，就無法弄得清楚。

(4)目前各地治安欠佳，起卸運輸往往被強搶或盜竊，儲運處無武裝護運。監視起卸工作，也感力量不足，且往往因此受流氓的仇視，時有被襲擊的危險。這些問題，的確是研究中國運輸問題的人所要注意的。

我們又去參觀總團在廣州的另一機構，就是財務廳廣東代表辦事處，主持辦事處的人是陳之達。總署為籌集業務的經費，可以把聯總送到中國來的物資，拿出一部份來變賣，擔負這種責任的，就是財務廳。廣州是華南的一個大市場，所以財務廳派有代表在此，代表總署售賣物資。辦事處於三月一日成立，過去曾在廣州出售二萬包麵粉，將近二萬包的洋灰，另外還有罐頭食品，牛奶奶粉等物。出售的物資，至最近止，共值五億二千萬元，曾以二億元匯歸總署，餘撥給廣東分署及儲運處作經費。

下午參觀了兩個工作隊，即廣州市工作隊，及第一工作隊。

廣州市工作隊，規模較任何工作隊為大，有工作人員八十六人。分署發給工作隊的糧食，廣州市工作隊所得獨多。譬如分署在六月底以前，曾發出麵粉一千餘萬磅，廣州市工作隊獨得二百四十四萬餘磅，佔總數四分之一。在同期內，分署曾發放食米一千三百餘萬磅，廣州市工作隊獨行三百六十五萬餘磅，也佔總數四分之一。依照分署所定的各縣市局救濟物資分配標準，廣州市只能得總數的百分之四・九，所以廣州市所得實際的救濟物資，遠超過他所應得的數目。

廣州市工作隊，得到這樣多的物資，便大規模的辦理消極的救濟。在他所辦的事業中，有四個平民食堂，吃一頓飯，只要七十塊錢，平均每日有四千餘人就食。有十一個難民宿舍，共容難民八千餘人，每人日發米二磅。有十三個施飯站，每日領飯的有二萬二千人。有十六個施奶站，多與施飯站合辦，發奶在發飯之後，也有與飯同時發放的。社會處在廣州市辦了三個赤貧收容所，共容八千四百餘人，每日發十四兩米，也由廣州市工作隊供給。廣州市受賑的，還有一些特殊人物，如黨部介紹來的革命元勳，曾隨孫總理革命的，約千餘人。失業軍人受賑的亦有二千餘人，彼等結隊而來，強索賑米，不給則招牌有被打破的危險。華僑也有二千餘人，彼等思返南洋，但殖民地政府，是否允彼等回去，是一問題。在此候船，候辦交涉的時期內，他們的生活，也要工作隊救濟。總計起來，廣州市的災民，靠工作隊的賑米，維持生活的，約在五萬人以上。

除了消極的救濟外，廣州市工作隊，還有三個以工代賑單位：

(1)清理街道，共用二千五百人，與警察局合作，其中一千五百人，由警察局僱用，工作隊給彼等每日米二磅，警察局另發彼等每日四百元。其餘一千人，由工作隊僱難民擔任，每日發米三磅。

(2)清理溝渠，共用三百五十人，與工務局合作，工務局供給工具，及技術指導，工作隊發米，每人每日三磅。

(3)清掃街上淤泥，共用三百四十五人，也是與工務局合作，待遇與清理溝渠的相同。

第一工作隊只有三十二人，管轄十縣，即番禺、南海、順德、東莞、中山、三水、花縣、從化、增城，及寶安。職員只有五人是分署派定的，其餘由工作隊僱用。僱用的人員中，有八個的薪水是發錢，每月六萬元，其餘的人給米，每日得四磅至七磅不等。

我們特別注意第一工作隊的視察工作，據云視察經費，在五月前每月五萬元，六月以後，增至二十萬元，所以不能時常下鄉觀察。現在對於所轄各縣，每縣均去看過一次。我看他們的視察報告，其中值得注意的事實，我也摘錄數點。

第一點是關於各縣運輸救濟物資，籌集運費的方法。增城縣的救濟協會，以所花運費過鉅無法籌措歸墊，所以由會議決，將所得的營養食品，以百分之四十五，標價售給公教人員，以所得歸墊運費。營養品的價格，是煉奶每罐三百元，全奶粉每罐一千五百元，牛肉罐頭每罐一千元，脫脂奶粉每磅三百元。東莞縣也以運費籌措困難，曾將營養品撥出百分之二十，賑濟各機關公教人員，每人備款二千元，可領煉乳二十罐，全奶粉一罐，牛肉罐頭二罐，脫脂奶粉十磅。花縣第一次所領物資，共花運費八十萬零七千九百四十元，以縣庫支絀，無法歸墊，只得將煉乳及全奶粉一部份，售給公教人員，每人可購煉乳六罐，每罐六百元，奶粉一罐，每罐七千五百元。這種辦法，當然與發放營養食品的原旨相背，但分署既不能把救濟物資，免費送到各縣，縣府的預算中，又沒有運輸救濟物資的一個項目，所以這種變賣救濟物資，以充運費的事，乃是早就可以預料得到的。

另外一點，表示分署的救濟政策，與政府的徵收軍糧，發生互相抵消的作用。如陳青陽報告，從化縣自街口至上下神崗屈洞良口等鄉，面積凡五十餘公里，一片蕭條。近來，糧食價貴，人民多用樹根、黃狗頭等野草充飢，因而體力虧損，百病滋生，該縣十五萬人，有病的佔百分之二十五。最近軍糧徵納，催交甚急，雖至困之鄉，仍須照原人口攤派。從化人民，現已陷於水深火熱之中，我們查工作隊的物資配撥單，知道從化縣曾從第一工作隊領得麵粉七噸，食米二五，五七六磅。政府給從化縣的糧食，與自從化縣徵收的軍糧，兩者是否可以相抵，我們措無徵收軍糧的數目，無法斷定。花縣曾從工作隊領得麵粉二十七噸，食米八九，二二七磅，這些賑米，運到縣境，便給縣長移作軍糧付納。縣府擬有歸墊辦法，就是各鄉可以在應繳軍糧的數量內，扣除其所應得賑米的數量，但是應繳軍糧的人，並非就是應得賑米的人。這筆賑將來在花縣如何清算，我們在廣州時，並沒有聽到下文。

七月九日　星期二

上午訪廣州市社會局袁局長及警察局局長督察長，據云廣州市人口在戰前為一百餘萬，現有九十餘萬。赤貧民眾，曾設所收容，現在流浪街頭，沒有正業的，約一萬八千人。無家可歸，露宿街上的，約三千人。戰前市內貧苦民眾，約數千人，目前窮人加增的原因，係因商場中不景氣，土貨銷不出，偷稅洋貨，大批入口，工廠倒閉，商人無利可圖，造成嚴重失業問題。廣州小販，以前只有六萬人，現在加至十八萬人，此為貧苦民眾日漸加增的象徵。都市中的貧民，與鄉間的貧民不同。鄉間貧民，在青黃不接時，需要救濟，但秋收到手，救濟工作便可停止。都市中貧民的產生，由於失業，假如沒有新的工作，來安插這些失業的人。救濟的工作，便不能停止，否則社會治安，就要發生問題。

上午還看了一個施飯站，兩個平民食堂。惠愛堂施飯站，設於一禮拜堂內，有職員七人，每人津貼自二萬七千元至四萬五千元。每天施飯十五籮，每籮八十四磅，一人領十兩飯，每天就食的有一千五百人。吃飯的帶有領飯證，發飯後在證上蓋一日期，如九號即蓋一九字。施飯的隔壁，就是第二平價食堂，進去吃飯的人先買票，每張七十元，有飯一盤，三兩米煮成，另附兩菜，一為燒茄子，一為燒粉絲。每人買票數目無限制，有買三張或四張的。平民食堂，每天開堂兩次，吃飯的多為苦力，也雜有學生及公務員。又看第四平價食堂，係女青年會代辦，附施奶站，十二點半開始，凡十二歲以下兒童，均可來飲，飲完以後，要他們坐在旁邊，等施奶站關門後，才放出去，以免飲者的重複。

下午參觀百子路難民宿舍及啟明宿舍。百子路宿舍，是汽車站改造的，收容四百五十人。啟明宿舍，是民房改造的，共十六間，住一千四百六十四人。宿舍中的難民，每天發兩磅米，十天發一次，大小口一律。以前曾發十二歲以下難童，及六十歲以上老人以營養食品，每人得奶水三罐，煉乳三罐，奶粉三磅。最近每人又發奶水三罐。三月間還發過一次衣服，一次舊鞋。

出啟明宿舍後，即到河南看緬甸華僑宿舍，舍中有床板，比一般寄宿舍較為清潔。我們到時正在發米，一次亦發十天，有衣冠楚楚之女子，也在領米。又至第一赤貧收容所，共收三千餘人，分七大隊，一為兒童，二為壯丁，三為婦嬰。到時正在晚餐，每人日得十四兩米，分兩餐吃。大隊中二十五人為一小組，每組有一組長，分發煮好的飯及菜。飯桶上面有鍋巴，組長先發每人一小塊，然後發飯，每人一大碗，最後發燒芋頭，每人一菜匙。苦力有不夠吃的，多於飯後到外面找工作，以所得貼補伙食。

七月十日　星期三

訪社會處主管人員，想搜集一點廣東的災情統計，但所得甚少。全省一〇一縣市局，已報災情者凡四十一縣市局，材料並不齊全。去年十一月，社會處曾有一估計，謂全省需要救濟人數，為四百二十萬人。分署對於各縣市局急待糧食救濟難民人數，也有一個分縣估計，難民最多的，如順德縣，有二十二萬餘人，少的如連平縣，只有二百六十六人。全省難民總數，為一百九十餘萬人。我研究這兩個數目字，覺得他們的根據，都是很薄弱的，不能視為統計，只是一種猜想而已。

又到農林處訪黃處長枯桐，他說在抗戰期內，廣東糧食的生產，性質上大有改變。以前廣東缺糧，靠洋米輸入，抗戰期內，洋米斷絕，農民為環境所迫，改種番薯，一畝可維持兩個人。三十二年天災之後，人民得到教訓，對於糧食增產，從兩方面努力，一為開墾荒田，二為加增雜糧。去年西江有水災，東江有風災，但不十分嚴重，所以鄉下沒有人餓死。都市中有餓死的，但這些人都是失業的，並非耕種土的農民。我們又討論外米進口的問題。廣東平常是一個缺米的省份。洋米進口，少的時候，如民國十九年，有五百餘萬擔（每擔等於六〇・四公斤），多的時候如民國二十一年，有一千三百萬擔。抗戰期內，人民因洋米來源斷絕，對於吃的解決，有新的安排，如多種雜糧，即其一端。以後海運大通，洋米入口，是否還要達到戰前的數量？換句話說，經過長期的抗戰，廣東省對於糧食自給一點，是否有更好的成績？這是一個有趣味的問題，但農林處的人，因資料不足，都不能作一答案。

七月十一日　星期四

上午衛生組副主任唐文銘，陪我們去參觀方便醫院，有八百六十張病床，大約是中國最大的一個醫院。醫院的經費，百分之八十靠募捐，百分之二十靠房租。華僑捐款也很多，有很多病室，上面刻了捐主的姓名。醫院的建築，一部份還是舊式的，一排一排的病房，有點像以前考舉人的貢院。院中有十三個醫生，九十個護士。六月份的支出，在一千五百萬元以上，藥品及糧食的支出，還未計算在內。單以糧食而論，每月要消耗二萬餘斤。醫院附設有護士學校，現有學生四十人。又參觀省立第一醫院，規模很小，只有病床四十張。

下午四點，乘新合和拖船赴台山，分署視察陳衮是同行。新合和拖船，較由曲江來的拖船為大，有房艙，兩人共一間。艙外擺了許多帆布椅，一排三張，許多客人，就在椅上過夜。此外還有統艙，每舖可容一人至三人。

七月十二日　星期五

下午一點到台山縣的新昌鎮。新昌，與荻海、長沙號稱三埠。新昌與荻海屬於台山，長沙與新昌對江而立，屬於開平。第二工作隊駐在長沙，我們便由新昌過江，去訪李宗強隊長。

第二工作隊所轄的縣份，有高明、鶴山、開平、恩平、赤溪、新會，及台山。工作隊的業務，據李隊長說，共有三項：

(1)通知各縣來領救濟物資。

(2)視察各縣救濟工作。

(3)以分署撥給工作隊的物資，自辦救濟工作。

第三項任務，乃是分署撥給第二工作隊所屬各縣的救濟麵粉，共有二百噸，那麼分署同時也撥給第二工作隊二十噸麵粉，讓他自由支配。

我問李隊長第二工作隊近來自己辦理了或擬舉辦一些什麼工作，他舉了八種：

(1)在三埠施粥，長沙已開始一星期，每日受賑的三百人。新昌於今日開始，受賑的四百五十人。荻海擬於本月十五日開始，名額也定四百五十人。

(2)擬在三埠設立施奶站，施奶與三歲以下的小孩，乳母，及孕婦，長沙的名額為一百五十人，新昌與荻海各一百名。

(3)以工代賑，清理溝渠，修理公共碼頭，長沙預定五百工，工作十日，每工每日給米三磅，新昌與荻海亦同樣的辦理。

(4)在新昌預備收容難童一百名，原有四邑孤兒互助社，收容難童三十二名，現擬擴充為一百名，每名每日給米一磅半。

(5)長沙師範學校，有貧苦初中學生二十名受賑，每人日給米二磅，已發二十日。

(6)台山三社鄉有人口約一萬，受敵人燒殺甚慘，已撥三千磅米，在該鄉施粥，於上星期起開辦。

(7)接送由瓊州到廣州的過境難民，自六月七日至七月十日，已接送九十四名。在長沙時，每人日給伙食費三百元，上船後途中給伙食費每日四百元。船票千元，由工作隊代付。

(8)擬在江門籌設平價食堂一所，並推廣到新會與台山。

工作隊自成立以後，只視察過台山、新會、開平三縣，其餘各縣，還未去過。開平縣在鄉鎮之上，還有區的組織，全縣共分四區，長沙是歸第四區管轄，所以我們先去看第四區公所。第四區現轄十七鄉，人口十六萬四千四百人，在過去數月內，第四區曾得賑品四次。第一次有麵粉四噸半，食米一千二百三十七磅，還有營養食品，包括牛肉罐頭二十三箱，全奶粉五十五箱，脫脂奶粉七桶，煉奶三十八箱，這些物品，除食米外，其餘一概出售，得國幣一千零六十四萬元，除救濟分會經費及領運費二十萬元，餘照各鄉人口，平均分派。據開平報端所載，賑品的出賣，事前並未登報通知，也沒有徵求各鄉鄉長同意，輿論對此頗為不滿。第二次的賑品中，也有營養品，區公所就沒有拿出去賣，像食米一樣的分給各鄉。第三次賑品，留作以工代賑，未發。第四次賑品，全為食米，第四區得九．二四噸，已分配給各鄉。

從區公所出來後，我們便去訪問長沙的鄉公所。長沙鄉近來已分為二，即長沙東鄉與長沙西鄉。東鄉的人全姓譚，西鄉的人全姓梁，所以鄉公所等於族務委員會，這是在別的地方沒有遇過的。鄉長譚燊球說，東鄉有八保，共四千八百餘人，包括一千四百餘華僑在內。這兒的華僑，集中在印度的吉打、孟米兩處，戰前每年匯款，約三四十萬。最近還捐了六十八萬二千元，送回鄉來，買米施賑。華僑對於家鄉經濟上的幫忙，這是一個很好的例子。鄉長對於區公所變賣營養食品，並不表示反對，因為第二次賑品中的營養食品，鄉公所也是把他出賣的。鄉公所由區公所那兒分得出賣賑品的錢，以及自行出賣賑品所得的錢，都是用以買米，分發各保窮民。如第一次的賑米，每人得一斤十三兩，共發了四百五十二人。這個數目，並非平均分配於各保的，窮人多的保，如第三保，分得九十四名，窮人少的保，如第七保，只分得二十名。

由長沙回到新昌，在金城大酒店休息之後，即往訪新昌鎮公所鎮長黃頌平。新昌鎮對於賑米，曾領過兩次，共一千四百三十三磅，分給六百八十五人，每人二磅。發麵粉的工人九名，每人得三磅。在發賑之先，民政股幹事先調查赤貧民眾及水上貧苦蛋戶，警察局調查街上難童及乞丐，以為發放賑品的對象。

七月十三日　星期六

上午九點一刻從新昌坐龍飛電船到台山，十二點三刻到。聞公路只十六公里。但水路迂迴曲折，路線較長。縣府人員在碼頭相候，同至西濠茶室午餐。

台山縣共有七十鄉鎮，一〇四九保。戰前人口一百零三萬人，現在只有七十四萬餘，減少的人口中，死亡與逃亡的各一半。過去台山縣曾從第二工作隊領到救濟物品三批。第一批物品，有麵粉三十二噸，食米七千八百七十五磅，營養食品如罐頭牛肉、奶粉、煉乳等多箱。除營養食品外，均已於五月十三日開善後救濟協會，議決分配辦法，計散賑佔百分之七十，以工代賑佔百分之十，撥慈善機關佔百分之十，特別救濟佔百分之十。第二次領到食米六萬三千三百五十八磅。第三次領到食米五十九噸，分配辦法與第一次相彷彿。第二、三次食米，係於六月十八日同時發放。由工作隊運到縣城的運費，第一次三十四萬六千餘元，第二次五萬四千餘元，第三次六萬八千餘元，均擬由台山旅渝同鄉捐款內支付。鄉鎮到縣運輸賑品，工資以工代賑，每工每日發麵粉三磅，每日以路程六十里，重量八十磅計，多少類推。

散賑的物資，山縣府製成表格，印發各鄉鎮，每一個鄉鎮應得麵粉若干磅，食米若干磅，表上均詳細載明。本鄉的人，從這張表上，不但知道本鄉得到多少賑品，也可知道別鄉得到多少賑品。賑品到了鄉鎮後，由鄉鎮公所組織散賑隊，包括參議員、黨團部書記長或隊長、教會商會負責人、中心國民學校校長，調查並發放賑品。難民姓名、人數、領得數量、領得日期，均應造冊送善後救濟協會。

以工代賑麵粉，曾撥二，八八八磅修理救濟院，又三，六〇〇磅修理衛生院。

撥慈善機關麵粉，三次共達一九，〇二〇磅，其中救濟院得九，五一一磅，五邑民眾醫院得二，〇九二磅，台城庇寒所得三，四二三磅，海晏育嬰堂得二，四七二磅，新昌四邑孤兒互助社得一，五二三磅。

特別救濟，曾於五月中辦理二次，一次在縣商會發放麵粉，貧苦民眾到會領取的共一，八九六人，每人發麵粉一磅。一次發米，也在縣商會，領米的共二千人，每人發米四兩。受賑的以縣城內露宿街頭乞丐及貧苦飢民為限，由牧師二人在商會門口檢查，合格的人內領取。另外還救濟了二十四個過去有功革命的人，每人領米十五磅。

台山有華僑約十三萬，在新大陸約十萬，菲列賓約三萬，戰前滙款，每月自五十萬至百萬。此項滙款，第一解決了台山人的糧食問題，因為台山縣所出糧食，只夠四個月的消費，其餘數月的米，須由他處進口，僑滙便是向外購米的支付工具。其次，台山因有這許多僑民，這許多僑滙，所以文化程度，比較的高。城內現有日報一家，三日刊及五日刊三家，週刊一家，月刊三家，小學十三所，圖書館一所。我們參觀了台山中學，建築的美麗，規模的宏大，有許多國內的大學都比不上。中學裏有大禮堂、圖書館、體育館、游泳池，看了這些房子，很使我聯想到清華。

四點半離台山，六點半抵新昌，換乘新聯和拖輪返廣州，船於七點半開行。

七月十四日　星期日

上午十二點抵廣州，住沙面中國植物油料廠宿舍中，頗清淨。

七月十五日　星期一

今日原擬赴佛山，以時間不足，改赴東莞。十點半出發，十二點半抵新塘河，無渡，並聞在抵東莞之先，還有渡口四處，預算如赴東莞，當日不能來回，因折回到增城縣新塘鎮視察。

我們在新塘看了鎮公所，又到附近的甘東鄉公所，詢問救濟工作。兩個公所，都從縣政府領到救濟物資，但縣府從工作隊領物資回縣時所出的運費，都攤派於鄉鎮公所。如六月一日，縣政府給新塘鎮公所的通知，要公所去領物資的名目及所繳運費數目如下：

(1)麵粉三八九司斤，免繳運費。
(2)牛肉四罐，運費四千元。
(3)脫脂奶粉二十司斤，運費二千元。
(4)牛奶三十三罐，運費九千九百元。
(5)全奶粉四罐，運費六千元。
(6)舊衫褲四件，舊鞋四隻，免繳運費。運費總計二萬一千九百元。

同日給甘東鄉的通知，內容如下：

(1)麵粉七七八司斤，免繳運費。
(2)牛肉四罐，運費四千元。
(3)脫脂奶粉四十司斤，運費四千元。
(4)牛奶六十五罐，運費一萬九千五百元。
(5)奶粉四罐，運費六千元。
(6)售衫褲四件，舊鞋四隻，免繳運費。運費總計三萬三千五百元。新塘鎮的運費，係向商會董事籌募。甘東鄉的運費，係用出售一部份營養食品辦法籌集。甘東鄉有十九保，每位保長，可買牛奶一罐，每罐五百元。不足之數，由鄉公所代墊。甘東鄉的鄉長湛葉兆，及書記湛介文，還告訴我們以賑米代交軍糧一部份的經過。他們說，增城縣一共領到四批賑米，於六月二十五日開救濟協會決定，以百分之十留作準備，百分之五十辦理工賑，百分之四十分發各鄉。甘東鄉應當領得的賑米，是六百三十四磅。但是甘東鄉攤派到的軍糧，是六十六包，每包係二百四十斤穀，等於二百市斤米。甘東鄉即以所得的賑米，抵交軍糧一部份。現在為收穀之期，軍糧也在這個時候向農民徵收，將來即從收得的軍糧中，扣除賑米的數量，以為散賑之用。我問鄉長麵粉是否也拿去充作軍糧，他說麵粉已經領回發放，每保發四十五張領粉證，憑證領粉一碗，約重十兩。脫脂奶粉，和入麵粉中發放。並為酬勞保長及副保長起見，保長每人發四碗麵粉，副保長一碗麵粉，並各領奶粉一包。牛奶在鄉公所門前，發給小孩，隨意取飲。牛肉在發麵粉時，每人發一二菜匙。鞋四隻，每隻不同，未發。衣服發給鄉公所的隊員穿。這個鄉公所放賑的辦法，完全未照分署的規定辦理，但第一工作隊下鄉的時候少，所以對於這種現象，未能及時矯正。

五點半返抵廣州。

七月十六日　星期二

上午八點二十分至西濠口乘船至石圍塘，改乘火車至佛山，十點二十分到達，即至縣府，晤虞澤廣秘書，謂南海縣有五十三鄉鎮，人口七十二萬餘，戰前人口有一百十萬。

南海縣所得救濟物資，以百分之五十工賑，百分之四十散賑，百分之十辦理特別救濟。工賑麵粉及食米，多用在佛山市，修理馬路，清理街道。特別救濟辦過一次，係在九江鄉發放麵粉一千斤於赤貧民眾。九江鄉靠近西江，受敵人摧殘最烈。

南海縣的救濟工作，有數點頗為特別。第一，救濟物資，分配給各鄉，所用的標準，係以各鄉負擔軍糧的多少，來決定各鄉應得救濟物資的多少。這個標準的用意，就是擔負軍糧最多的鄉，災情也就是最重。這真是對於政府的一種諷刺！南海縣發第一次賑品時，係以縣政府配給各鄉三四月份軍糧負擔額的多少為標準。在此兩個月內，縣府共配各鄉軍糧四千七百三十六包，每大包軍糧，配發賑米一司斤又三兩，賑麵五司斤又十四兩五錢。散賑總額，為食米五千六百九十八司斤，麵粉二萬七千九百五十司斤。第二次賑品的分配，係以六月份配購軍糧三千大包為標準。每一大包配發賑米十八司斤。每十大包配發大奶水一罐半。每一大包配發小奶水一罐，豬肉豆一罐。每十五大包配發原奶粉一罐。每二十五大包配發牛肉一罐。救濟物資，在南海分發的手續，也很嚴密。在發賑之先，各鄉應即召集當地公正士紳商人，及基督教神父牧師、學校校長、各保保長，及熱心辦理公益人士，組織該鄉監督散賑委員會，附設鄉公所內。委員會的第一項工作，便是調查領賑的對象。縣府對於此點，有詳細的指示：

(1)米及麵粉的散發對象，為真正之赤貧男女。赤貧的意義，為鰥寡孤獨，及身體殘廢，跛盲啞，暨無力生產，無田耕，無地種，無其他職業，與真正貧苦之出征軍人家屬。調查後於大門上書貧戶兩字，有若干愛面子的人，因此不願領賑。調查所得之名單，應公佈三日，民眾可以檢舉。三日以後發領賑券，憑券領取救濟物資。

(2)營養食品的散發對象，也規定得很細，如原奶粉應散發於赤貧營養不足之十四歲以下兒童，六十歲以上老人，及哺嬰婦人。脫脂奶粉應散發於赤貧之病人及六十歲以上之老人。牛肉及牛肉豆，應散發於孕婦。煉奶應散發於飲乳之嬰兒及貧苦之文化人。奶水應散發於十四歲以下之兒童及病人。

根據上列標準散賑的情形，可以佛山市為例。佛山市共有三鎮，即富福、汾文及紀豐。三鎮公所，曾散發第一批賑米三，七八六司斤又九兩，每一赤貧，領得十三司兩。又發麵粉一八，六二五司斤又三兩，每一赤貧，領得四司斤。第一批營養食品，係由青年團南分團，縣衛生院，縣民眾教育館，會同三鎮公所辦理，共發脫脂奶粉十二桶，即二，四〇〇磅；原奶粉七十二箱，即四三二罐；牛肉三十八箱，即二二七罐；煉乳六十五箱，即三，一二〇罐。每一缺乏營養之赤貧童嬰，得原奶粉四司兩。每一孕婦及囚犯，得牛肉二磅。每一老人及病人，得脫脂奶粉一磅。每一哺嬰婦人及貧苦之文化人，得煉乳一罐。

十二點一刻離縣府至翠眉酒家午餐，下午兩點返廣州，四點到達。

七月十七日　星期三

本日擬赴番禺視察，以交通不便而罷。

七月十八日　星期四

早十點離廣州，取道曲江入江西。上次由曲江來廣州，係坐拖輪，此次由分署派車相送。一點半抵六三市場，即在此午餐。三點繼續開行，七點抵梅坑，宿梅苑旅店，開張不久，外觀頗為清潔。本日行一六九公里，公路極壞，行車速率，有時在每點鐘五英里左右。

晚飯後至新豐縣諸梅鄉訪朱景華鄉長，此鄉共十四保，六千一百五十人。六月八日，新豐縣政府有調令，謂收到賑米及麵粉，以百分之二十辦理福利及特別救濟，百分之五十按照各鄉人口數配發，百分之三十配發曾受戰災之鄉施賑。新豐共有十四鄉，諸梅鄉領得麵粉一六四·六司斤，食米一七八·九司斤。自工作隊至縣城的救濟物資運費，縣政府已扣麵粉作抵。由縣府運至鄉公所，係派六人去挑，挑夫吃公家飯，另給每人五十元。此項開支，係扣麵粉十斤付給。麵粉分配給各保，係按人口多少，由各保發給貧戶，每人所得，不到一兩。此種救濟工作，可謂毫無意義。

營養食品，協會議決以價購為原則，奶粉每罐六千元，罐頭牛肉，每罐三千元，牛奶尚未定價。縣府將來即以售賣所得之款，購米施賑。奶粉每鄉可以價購八罐，但諸梅鄉因未籌得款項，還未前往領取。

七月十九日 星期五

早八點起程，十一點四十分翁源，縣府於抗戰期內搬往鄉間，現在尚未搬回。至附城鎮公所，晤鎮長謝漢先，知縣府曾分配救濟物資二次。第一次縣府所得之救濟物資，有食米一，一〇〇磅，麵粉六噸，罐頭牛肉二十二箱，全奶粉五十箱，煉奶三十五箱，脫脂奶粉六箱。麵粉以百分之五十為工賑，計四，一二六司斤，其中衛生院分得二千司斤，分院得五百斤，孔廟二百斤，每一鄉公所三十斤，每一中心學校三十斤，縣立一中一百斤，二中一百斤，翁北南中各五十斤，縣府一百斤，參議會，縣黨部，青年團，共六十六斤。以百分之四十為普通賑濟，計三，三〇一司斤，其中附城鎮得得三百司斤，其餘各鄉，得二百二十斤至一百斤不等。仍餘五四一司斤，散發縣級各機關的團警，兵伕，每人得二司斤。附城鎮所得的三百斤，分發給各保，每保得二十斤，再發給各貧戶，每人得一斤或二斤。除工賑及普通賑濟外，仍餘百分之十，計八二五司市，作為特種救濟。

營養食品中，提出煉奶一百罐義賣，作為救濟協會經費，其餘按照下列標準分配：

(1)以百分之三十，配發各鄉中心學校及保校之貧苦兒童。

(2)以百分之三十，配發各鄉保貧苦老弱及兒童孕婦產婦等。

(3)以百分之二十，配發各級公務員、團警、兵伕，及黨團機關之家屬嬰孩孕婦產婦等。

(4)以百分之十配發中等學校貧苦員生。

(5)以百分之十配發各衛生機關，轉發各貧苦病人及產婦。

翁源縣的各級機關，分到營養品的，有縣政府，電話局，看守所，衛生院，警察隊，財委會，稅捐處，區署，縣調所，婦女會，後備隊，自衛隊，警察局，縣黨部，青年協和，參議會，郵政局，直接稅辦事處，統稅辦事處，農貸處，田糧處，地方法院及檢查處，商會，工會，省行專庫。我說，假如不發營養食品，誰也想不到一個縣裏，有這樣多的公務機關。

第二次縣府領到的物資，數量較少，只有脫脂奶粉一千二百磅，食米九百磅，以半數撥救濟院，以半數撥翁源養老殘廢所。

離翁源後，繼續北行。自翁源至大坑口，有一高山，草深沒人，沿途荒涼，為盜匪出沒之所。前日救濟物資車在此遇劫，今日救濟車皆結隊而行，且派兵保護。在翁源午餐時，見南下客車，都有武裝士兵，持槍護送。司機恐遇匪，將其所有鈔票，均置夾板中，但是我們很幸運，卒得安然駛過。五點抵曲江，未過河，住曲江橋畔蘭艇上。本日行一七三公里。

七月二十日　星期六

司機來言，離曲江不遠有一木橋，為水所衝壞，今日正在修理，車不能開，乃往訪曲江縣政府，晤縣長溫克威。縣中救濟協會，對於分配營養食品，於五月三日曾有決議，要點為：第一批營養品，牛肉每鄉鎮一箱，全奶粉每鄉鎮三箱，脫脂奶粉每鄉鎮半桶，煉奶每鄉鎮二箱，餘額悉歸市區，分發下列對象：(1)文化工作者，(2)貧苦無告病人，(3)貧苦嬰孩，(4)貧苦中學教師，(5)貧苦公營機器工廠工友及勞苦工友，(6)縣級貧苦公務人員，(7)貧苦中學生，(8)縣級貧苦警察，(9)地方慈善機關。這個分配辦法，第三工作隊認為與發放營養食品的原旨不符，提出抗議，把這個議案打銷。我們在廣東各處所見到的發賑辦法，多有不符分署規定的。假如工作隊能派人常用駐在各縣監督，若干弊病，當可免除。

七月二十一日 星期日

早十點自曲江起程入贛，行數里即見數日前為水衝壞之橋，尚未完全修復。我們的車身輕，下車步行，車得安然開過。其他卡車，都要卸貨後才可過橋，停於橋北的有數十輛，又行若干里，見一車新覆，車輪朝天，此為裝米貨車，米上坐有黃魚客人，車覆，客人給米壓在下面，恐無生望。一點半抵始興縣午餐，飯後晤縣長官家驥，知此地發營養食品，與翁源相似，各級公務機關，均有所得。兩批救濟物資，共花運費一，一五四，七八二元，係將賑米一部份出賣抵補。第一次出賣時，售三百元一司斤，第二次售二百七十元一司斤，都比市價低五十元。

下午四點半抵南雄，住嶺南大酒店，本日行九十八里。略休息後，即至縣府，晤秘書劉春福，關於救濟物資之分配，南雄無新穎之點。南雄以出烟葉著名，每年出六七萬包，每包二百市斤，行銷廣東全省。前兩月每包三十萬元，最近跌至十五萬元，因外國烟進口，本省捲烟工業無法與之競爭，只有壓低原料價格，以減少成本。外貨入口，影響鄉村農民之收入，此其一例。本地烟葉生意，全在外省人手中，此輩商人，剝削烟農，去年借錢三萬元，今年即須還烟一包。農民終歲辛苦，其血汗所得，為商人囊括而去，而此等外省商人，又將其所得贏利，匯回家鄉，所以南雄雖以出烟葉著名，但南雄烟葉，對於南雄農民，並無多大貢獻。

劉秘書為平遠縣人，謂該縣教育發達，縣內無文盲。青年入中學大學讀書的，有族產生息以為津貼。劉友某君，去年在大學讀書，因該族只有一人在大學，故某君獨得穀子七十石，除支付學校一切費用外，仍有剩餘，可以在家造屋。平遠人口只十萬，出米與木材，米銷梅縣，木材銷汕頭。人口不多，物產豐富，所以縣中人民，衣食住均不發生問題。劉君相信平遠之人口不多，為該縣人民生活程度較為舒適之重要原因。設使平遠人口的密度，與梅縣相似，則人民生活，必加增困難。此種開明的人口看法，在中國內地，不大聽得到。

七月二十二日　星期一

九點離南雄，廣東視察工作，至此告終。自廣西湖南視察後，始到廣東，所得總的印象，共有兩點：一為廣東災情，不如廣西、湖南之嚴重；二為廣東救濟工作，比較未上軌道。

十點半抵大庾，此為入江西境後第一縣。大庾於去年二月淪陷，八月收復。縣中共有二十鄉鎮，人口約八萬九千人，戰前有九萬餘人。所產稻穀，不夠縣內人民消費，每年約差三個月。沿公路線為平原，產稻穀，人口亦較密。西部多山，每鄉人口只有二千餘人，物產有木材及紙張。西華鎮出鎢，洪水鎮出錫。鎢鑛工人，多為外來，本地人只佔四分之一。

縣有善後救濟審議委員會，辦理救濟事業。江西善後救濟分署，在贛縣設有第十一工作隊，大庾歸其管轄。本年六月十五日，曾自第十一工作隊領到第一批救濟麵粉五百包，審議會決定分配與下列各單位：(1)簡師師範生六包，(2)庾中貧苦學生三包，(3)孤老五包，(4)崎城鎮五十七包，(5)梅嶺、東外、新城、池江四鄉，各五十包，(6)黃龍、青龍、長江、西和、東山五鄉，各四十包，(7)餘三十包留倉。這個決議，表示大庾縣二十個鄉鎮，只有一半鄉鎮受到賑濟。發麵粉時，第十一工作隊派職員七人前來辦理，縣府另派十餘人，參加協助。此點表示江西發放麵粉，採取直接發放辦法，與湖南相同。發放之先，曾調查貧民，每人至少得五斤，多者得十斤。

從縣府的檔案中，知道江西分署，對於各區救濟工作，除南昌市業務，由分署直接辦理以外，全省災區，共分十五區，每區設一工作隊。每隊所管的區域，多的如第十一工作隊，管七縣，少的如第一、第六、第九等工作隊，只管三縣。工作隊的任務，共分六點：(1)農業救濟，(2)緊急救濟，(3)社會福利，(4)衛生，(5)防洪防旱，(6)建築。我們在各省所見的工作隊，任務最簡單的是湖南，除了直接散放麵粉給災民以外，沒有別的工作。任務最繁的，大約是江西的工作隊了，這是我看了大庾縣的檔案以後，所得的第一個印象。

離大庾後，即感不適，過南康時，同人皆午餐，我獨坐竹椅上休息。自南康至贛縣，適大風雨，益感疲勞。在贛縣下車時，須人扶持，我們住第十一工作隊的招待所，在中正公園內，名勵園，頗清靜。醫生來看病，熱度達一百零四，驗血，不能斷定是否為瘧疾。晚分署專門委員林逢春，及第十一工作隊隊長均自南昌來，擬陪我們赴南昌。

七月二十三日至三十一日　星期二至星期三

二十二日在粵贛途中發熱後，二十五日始退熱，醫生經驗血兩次後斷為瘧疾，治以奎寧丸及其他助消化的藥水。二十五日熱退，但胸腹仍時時作痛，胃口不開，休息數日，至三十一日始漸恢復。病中第十一工作隊友人，熱心照料，極為可感。

八月一日　星期四

今日與第十一工作隊職員談業務，知工作隊於四月四日正式成立，每月經費為二千萬元，分署對於經費的支配，只指示一簡單原則，即除辦公費外，以半數為建築費，其餘半數，以百分之十五為普通賑濟，百分之十五為物資儲運費，百分之十為衛生業務費，百分之六十為農業救濟費。四月份第十一工作隊的經費，其支配如下：(1)建築救濟費，八，三三三，〇〇〇元，(2)員工薪資，一，八三七，〇〇〇元，(3)臨時員工薪資，三〇〇，〇〇〇元，(4)辦公費，五〇〇，〇〇〇元，(5)物資儲運費，一，三五四，四二五元，(6)衛生事業費，九〇二，九二五元，(7)農村救濟，五，四一七，七〇〇元，(8)其他賑務，一，三五四，四五〇元，合計為二千萬元。

第十一工作隊所轄區域，為贛縣、南康、大庾、信豐、龍南、虔南、定南七縣。隊內設賑務、衛生、供應、總務四股，職員除由分署派正式職員十五人，醫師一人外，並調用臨時職員十二人，警士三人，僱用工友七人，共三十八人。

分署撥來的物資，自四月十六起，至七月二十止，主要的有(1)麵粉一萬袋，(2)舊衣二一〇包，(3)煉乳二六〇箱，(4)乳粉五〇箱，(5)皮鞋七〇包，(6)種子三二桶，每桶二五袋，(7)藥品二一箱，(8)外科敷料五〇箱。

麵粉一萬袋的分配如下：(1)贛縣三千袋，(2)南康一千袋，(3)大庾一千袋，(4)信豐八百袋，(5)龍南一千袋，(6)定南八百袋，(7)虔南八百袋，(8)贛縣工程師隊三百袋，(9)龍南水利工程二百袋。上列各縣麵粉，除贛縣、南康、大庾三縣大致辦理完竣外，其餘各縣的散賑人員，因交通不便，直至最近始行出發。在已經辦理的各縣，大庾第一批麵粉，只發了十個鄉鎮，後來又添了兩鄉。南康只發了四鄉一鎮。贛縣的麵粉，完全在城內發放，鄉下未發。發放之先，根據保甲長所造災民清冊，舉行調查，然後對於合格災民，發放麵粉證，到庫領粉，大人十斤，小孩五斤。

贛縣工作隊發放麵粉的辦法，證明我們以前根據廣西、湖南二省的經驗，對於工作隊直接發放麵粉一事所下的批評，在江西也適用的。工作隊的人員太少，要他負責發放麵粉，一定發生緩不濟急，以及照顧不周的弊病。緩不濟急的弊病，在湖南甚為顯著，在江西因為災情不重，所以毛病並沒有暴露出來。假如龍南、定南等處的災情，也與零陵、衡陽等處相似，許多老百姓都在那兒吃草過日子，而分署的麵粉，到了七月底八月初還沒有發到災民的手中，不知多少人要因此而喪失生命。照顧不周的毛病，在江西也是很顯然的。在一縣內，只選擇若干區域發麵粉，而置其餘區域的災民於不顧，雖然省事，但不公平。用工作隊去發放麵粉，必然的要發生這些毛病，因為隊中的人員太少，沒有法子迅速，沒有法子顧到全局。

江西的工作隊，除發放物資外，還可拿出錢來，辦理救濟工作，這是別省工作隊所辦不到的。拿錢來辦救濟工作，在別省集中於分署，而在江西，則分署與工作隊，分工辦理。工作隊每月有經費二千萬元，所以能夠做到這一點。第十一工作隊，曾用賑款，辦理下列數項業務。

(1)糧食貸款，在南康、大庾、定南三縣，免息貸款與縣政府，辦理糧食平糶。南康一千萬元，大庾及定南各五百萬元。

(2)耕牛貸款，僅在贛縣一地，貸放一千萬元，購牛一四四頭，分交贛縣八鄉農民領用。凡無力購買耕牛的貧苦農民，得聯合三戶至五戶，向工作隊申請免息貸放一頭。貸款分兩期歸還，第一期定於本年十二月底以前，歸還半數，其餘半數，於三十六年八月以前還清。

(3)中小學修建費，僅在贛縣舉行，他處尚未辦理。贛縣學校，得此項補助的，有正氣中學一百萬元，省立贛縣女中一百萬元，私立三一小學二十萬元，兒童新村管理局三百萬元，贛州鎮中心國民小學第四校二百萬元。

(4)衛生機關補助，亦僅在贛縣辦理，計補助贛縣時疫醫院修理設備費一百四十萬元，補助天主堂醫院修建費五百萬元。

資送難民，亦為工作隊賑務工作之一。外籍留贛難民，計贛北七六五名，粵省一，三五七名，到六月底止，已資送返籍的，計粵省一七三名，贛北四三五名，合計六〇八名。旅費及膳費支出，共三，三四二，〇二〇元。難民回鄉多步行，規定每日行二十五公里，每公里津貼旅費十元，另給伙食費每日二百元。

工作隊的衛生工作，可分四項：

(1)調查，已調查贛縣、南康、大庾三縣衛生設備，及醫藥狀況。

(2)醫療，分住院與門診二部。住院部份，曾在天主堂醫院，設免費病床十張。計自五月二十九日起，至七月十六日止，收容病人二十六名，治癒十六人，死亡一人。又經商得贛縣高級助產學校同意，在該校附屬產院內，設免費產婦床三張，尚未收容產婦。天主堂醫院免費病床的維持費，每月約十八萬元。門診部份，經商得贛縣紅十字會醫院同意合作，設置門診部，由衛生股長每日前往參加醫療工作三小時，每日免費就診病人，約二、三十人不等。以藥品不敷應用，已就地添購約七十餘萬元。

(3)防疫，除設法補助時疫醫院，修建院址，俾可容病床五十張外，並派員赴閩，採購霍亂疫苗，在縣城內免費注射。對於環境衛生，則在贛縣及南康，採以工代賑方式，疏濬溝渠，清除垃圾。

(4)分配藥品器材及營養食品，受惠者已有十二單位，大多數為各縣衛生院，如大庾衛生院，曾得藥品二箱，外科敷料二箱，牛乳三箱。

江西的工作隊，從業務的內容看去，可以說是等於一個小分署。這種辦法，是前任分署署長張國燾定下的。自從蔡孟堅署長繼任後，聞對於工作隊的組織及業務，略有變更，結果尚未宣佈。

八月二日 星期五

今日整理廣東所得的視察資料，寫一報告，寄給總署。

八月三日 星期六

上午至縣府，與縣長張愷及其幹部，略談贛縣經濟狀況。尋即參觀縣衛生院，只有醫生一人，無病房，門診人數亦甚少。看助產學校，有沉重二百餘人，病床三十，收費每日二十元至五十元不等，另收飯費每日七百元。看省立贛縣醫院，有病床四十，多空洞無人。看中心國民學校第四校，曾以四百萬元，建一新校舍，但學生有九百餘，房屋仍感不夠。看贛縣女中，新校舍由第十一工作隊補助百萬元，已落成。

八月四日　星期日

早飯後至虎岡看兒童新村及正氣中學。新村有兒童約八百，村中組織，有兒童鄉公所、兒童醫院、兒童商店。蔣專員經國在此時，尚擬辦正氣大學。現在維持新村每月須千萬元，社會部擔任七百萬元，贛縣縣政府擔任百萬，餘靠商業收入，尚感不敷。戰前新村有一五年計劃，擬創辦工廠十七所，種植穀田一千畝，畜養奶牛五十頭。五年計劃完成之後，每人每天可以吃一杯牛奶，隔天一鷄蛋，三天一次魚，七天一次肉。衣服方面，村民應都有制服，單的兩套，夾的兩套，棉的一套，此外每人還有一床棉被，一條毯子。文化方面，五年之內，要添圖書五萬冊。現在繼辦兒童新村的人，還想實現這個計劃，但經費無著落，頗感困難。

從虎岡返，遊天竺公園，及八境台，均贛縣名勝。

八月五日 星期一

早六點即起，七點在縣府舉行擴大紀念週，我講中美農業的比較。九點離贛縣，一點抵雩都縣的銀坑，在此午餐後繼續開行，三點三刻抵寧都，本日行一六二公里。

住陶陶招待所六號，此房過去，曾用以招待盟軍，房中有一佈告，文云：「倘盟軍到，請即退讓本房。」房價一千四百元。

五點赴翠微峯，此峯奇突，我三次到寧都，都要到此一遊。汽車抵山腳下，步行約半小時，過一線天，才到峯下。此峯只有一邊有裂縫，中鑿石級，是到峯頂的唯一途徑。有母女兩人在此賣茶，據云共軍在此時，土人在峯上堅守約三年，終未攻下，後以糧盡，才被紿下峯。七百人中，夜間縋繩而下的約百人，摔死的約百人，餓死的約百人，餘三百人，多於下峯後被殺。第十一工作隊袁隊長於共軍退出後曾來寧都，集死者的頭骨，攝為一影，壘如小丘，誠為一大慘劇。

八月六日 星期二

上午七點半離寧都，過廣昌時稍息，經南豐未停，十二點抵南城，宿陶陶招待所，本日行一六〇公里。江西公路，僅次於湖南，較廣西、廣東的要好得多。

南城為第十二工作隊所在地，共有隊員二十五人，隊長鄧柏年赴省未歸。所轄區域，有南城、臨川、金谿、崇仁、宜黃五縣。過去的主要活動如下：

(1)對赤貧人民發給麵粉及稻穀。至七月底止，曾在南城發麵粉大袋六百袋，小袋九百袋。臨川發大袋一百五十袋，小袋一百袋。宜黃發大袋二百五十袋。崇仁及金谿未發。南城方面，除麵粉外，又於五月間發放稻穀四百市石。發放之先，由鄉公所，將真正赤貧無力復耕之災農調查列冊送隊後，再會同當地縣參議員，鄉民代表，或地方公正及士紳及保甲長，切實復查登記，當場發放，取其蓋有手摹或印章的領據。南城共有二十七鄉鎮，受災最重的，有盱南鎮，及孝子、岳西、本固、荊竺、五帝等鄉，麵粉就只發這六個鄉鎮。

(2)遣送難民，至六月底止，共送一，六七五名，其中送往南昌的一，六四九名，光澤八名，上饒十六名，寧都二名，共發交通費及伙食費五百四十餘萬元。

(3)建築平民住宅，已在南城門外，建築平民住宅一所，為南城救濟院收容孤貧殘廢者居住，全部建築費為二，八八九，三四〇元。又在宜黃建築平民住宅一所，共二十二間，計價三，四七五，五〇〇元。又在臨川青雲鄉等處建築災農住宅十八所，每所可容四戶，共七十二戶，已於七月二十三日開標，動工建築。

(4)補助修建各小學，受惠的南城共十校，臨川共二校。經費方面，共支出二百七十餘萬元。

(5)補助渡船，添設南城圭峯渡渡船兩隻，以利旅行，每隻價十五萬元，其三十萬元。

(6)發放農具，在南城貸放水車一百具，臨川六十具，由工作隊會同鄉公所，指派幹事，切實調查，規定貧農以三人合貸水車一輛，貸款於六個月後免息歸還。此外又在宜黃發放鋤頭一千把，臨川發放鋤頭五百把，真正貧農，每戶施發一具。

(7)耕牛貸款，擬在南城及宜黃辦理，每縣一百頭，貸與農民購牛價款之一半。

(8)以工代賑，在南城、臨川及宜黃三縣，清理溝渠及下水道，補助南城縣司法處建築監所，習藝工場，興修南城縣渣樹下官陂，修建南城垃圾箱各項工作，在四五六月份內，共用麵粉六千五百餘斤，國幣三十四萬八千餘元。

(9)衛生方面，在南城省立醫院，設置免費病床，分發藥品與各地衛生院，並在南城施行防疫注射。第十二工作隊的業務，有幾點是與第十一工作隊不同的，分署對於工作隊的任務，雖然指定了範圍，但在範圍之內，各工作隊，還有伸縮的餘地。

在南城還會到楊大經縣長及湯宗威專員。他們對於南城的需要，特別指出兩點：第一為農舍，現在好些農民，因鄉村房屋被毀，借住親戚家中，在大熱天氣，如住處離田畝太遠，來往奔波，頗為痛苦。有時農民因此不便，寧可放棄田地不種，此為荒田增加之一重要原因，所以多築農舍，一方面解決農民住的問題，另一方面，亦可增闢土地，加多生產。農舍的建築，不求美觀，只求適用。大約建築一間堂屋，四間住房，泥地，竹筋牆，稻草頂，花費不過十五萬元。二為防治鼠疫，此疫係從福建傳來，三十年初在光澤縣發現，三十三年傳到南城、臨川、廣昌、南豐，都於今年發現，應即設法撲滅，以免疫勢蔓延。

我們起初以為鼠疫在江南只限於福建，現在聽說江西已有好幾縣有鼠疫，深為驚異，就請湯專員詳細的告訴我們南城鼠疫的歷史，以及防治的辦法。他說：光澤縣於三十年及三十二年兩次發生鼠疫。當三十二年十月，光澤縣第二次發生鼠疫時，衛生署便請黎川縣政府，在黎光邊境，設站檢疫，又在南城方面，召集各機關成立防疫委員會，專員兼任主任委員，宣傳防疫，並勸告居民注射預防疫苗。到三十三年五月間，城區陸續發現死鼠甚多，於是防疫委員會加緊工作，一面警告居民，積極施行預防注射，一面在發現死鼠地點，及不清潔場所，經常消毒。到了六月六日，開始發現鼠疫病人，當即設立隔離病院，收容治療。並依照第三戰區長官部頒佈防治鼠疫辦法，將防疫委員會，改組為南城臨時防疫處，處內設總務、醫務、工程及警衛四組。處外設隔離病院一所，收治病人，完全免費治療，又留驗所一所，為病人家屬及同戶居住之隣人留驗之用。又設陸路檢疫站二所，水路檢疫站一所，以防疫勢傳播。醫務組每日派員分組出發，會同憲警在各城門口，強迫進出軍民，注射預防疫苗，後又擴大範圍，對居民挨戶強迫注射。凡發生死鼠之戶，立即由工程組派遣員工，前往消毒，將房屋封閉。另由警衛組派官兵前往監視，將病人送入隔離病院治療，其家屬及同居的，送入留驗所留驗，不許四散。留驗時間為一星期，如發現鼠疫病象，即送入隔離病院治療，否則囑其回家，房屋亦於同時啟封。但防疫處經費，異常支絀，預防疫苗，亦感不足，所以雖然盡了最大的努力，但無法將鼠疫撲滅。三十三年六月，鼠疫病人，首先在東門外發現，漸次延入城內，再由城內分南北兩路，向城外蔓延，自此以後，鼠疫從未在南城斷根。自三十三年六月至十二月，發現病人六百七十五人，治癒三百十六人，死亡三百五十九人。三十四年全年，發現病人二百十五人，治癒一百十六人，死亡九十九人。三十五年一月至七月，發現病人一一二人，治癒五十二人，死亡六十人。這個統計，不能代表南城全縣情形，因各鄉鎮發病人數及死亡人數，有些隱匿未報。本年南城的鄰近各縣，如南豐臨川，均已發生鼠疫。臨川有水道通南昌，船隻藏匿鼠類，易於陸路車輛，沾染鼠疫尚未發作之病人及疫鼠疫蚤，隨船順流而下，有傳至南昌以至九江之可能。所以撲滅南城附近各縣鼠疫，至為重要，否則由南昌傳至江西各縣，由九江傳至沿江各省，其為禍之烈，真是不堪設想。

八月七日　星期三

早七點離開南城，九點到臨川縣，晤工作站萬股長元善及幹事藍珍。我們請藍幹事帶我們到青雲鄉濠上陳村看正在建築中的貧家住宅。此種住宅，係招商承包，每所建築費為十六萬一千元。農舍的外觀，是茅頂，竹筋泥牆。每所有一前門，一後門，一通道，一所房子可分為四間，每間可住一家。房屋四週牆壁，係編九尺高竹籬，外塗粉黃泥。兩側上部，上至屋頂，下至竹籬，係以篾筋夾稻草，以防風雨。屋頂上鋪篾撈子，再加蓋稻草，上面用篾筋紮實，以防吹動。屋前後大門，係用竹編裝，並裝置門閂。窗戶外而用竹條，裏面裝單面式竹門。這種農舍，雖然比不上廣西、湖南等分署所建築的平民住宅，但那些平民住宅，是造在都市或縣城中，真正的農民，無法住人。江西的農舍，是為農民蓋，給農民住的，雖然簡陋，但解決了一些農民的住宅問題。

在臨川午餐後，即繼續出發，行約十里，遇前面來兩客車，囑我們停車，詢問原因，知彼等於今日上午，在離臨川約三十公里之山坡中遇盜，要我們留意。劫車的土匪，共八人，均有槍支，彼等先請客人將其所藏鈔票，自動交出，謂交出後再搜，如查有藏匿鈔票，不肯交出的，一律槍斃。乘客受其恐嚇，都將所有鈔票獻上。我們猜想土匪既已劫得財富，必不肯在原地再行逗留，所以沒有停車，繼續前進，過劫車處，匪已遠逸，我們只看見地上許多包紮的紙張而已。過梁家渡後，參觀沙埠潭的集體茅舍，也是一所住四家，共十四所。這些茅舍，乃是去年十二月建築的，材料只花一萬五千元，工資每日五百元，每棟茅舍，以五十工造成，所以總值不過三萬餘元，比臨川現正建築的茅舍，要便宜得多。

下午三點抵南昌，住洪都招待所，本日行一六〇公里。

八月八日 星期四

蔡署長送我江西分署的工作報告一冊，上午在招待所中細讀，下午參觀社會處之育幼所、托兒所，及中正醫學院，又拜訪省府各廳處長，適開會，多未遇，只遇財政廳洪軌廳長。省政府財政，本年因財政收支系統修改後，特別感到困難。下半年省政府收支相抵，不敷約八十億。現擬取消廿六年以後成立的戰時機構約一百四十個，並將一部份業務，交與縣政府辦理，由縣財政中開支。如仍不能解決問題，只有從裁員方面著手。

八月九日 星期五

上午在分署中開業務會議，到各組及各單位主管人員，我略報告他省分署的工作，並聽賑務、儲運，及衛生三組談工作中所發現之困難。午飯後蔡署長邀同往牯嶺。一點離南昌，六點半抵蓮花洞，凡一八七公里。自蓮花洞到牯嶺，只七·一公里，乘轎上山，轎夫六人，費時兩點半。轎夫每人力資一千九百元，另付中國旅行社一千九百元，以為轎租。如在六點以後或雨天上山，每人加力資五百元。抵牯嶺後，住仙巖客寓。

八月十日　星期六

上午由黃龍潭循小徑步行至仙人洞，由仙人洞返牯嶺時，沿途即視察江西分署在廬山之各種業務。先至兒童樂園，原為日本旅館，分署曾協助三百萬元，重加修理。有兒童十四人，全為女孩，二十七年敵人來時，他們的父母忙於逃命，不便攜帶，遺留在此。有美人布朗，撫養他們，太平洋戰爭爆發後，有瑞典牧師，繼續為之照料。本年四月，由中國人續辦。七、八、九三月，由分署負責。九月以後，經費尚無著落。自四月至六月，係廬山管理局主辦，每月經費四十二萬元。現在職員有四人，擬開一音樂會，募集基金。分署尚擬將大林寺附近的游泳池，加以修理，將來門票收入，即以維持兒童樂團。

過廬山小學，晤歐陽校長，小學有學生三百八十餘人，教職員十二人，每月經費約六十餘萬元。分署曾撥修繕費一百五十萬元。小學的對面，為廬山醫院，院長方君，檀香山人。分署為修建此醫院，曾撥經費一千七百萬元，其中有三百萬為設備費，二百萬為預備費。修繕費已花去八百九十萬，完成後可容病床五十，因開辦不久，院中只有病人三名。醫生有六人，護士亦有六，每月經常費須四百四十萬。以廬山現有之人口，是否能維持此一醫院，殊成問題。

抵正街上，參觀平民食堂及平民公寓。分署為創立此機構，曾花修建費一百二十萬元。平民食堂每日開飯兩次，食者約百餘人，每次收費三百元，可吃三碗飯，一碟菜。平民公寓不收宿費，現有三十床舖，但只預備七草墊及被褥。後到的須自備行李。管理這個食堂及公寓，有一幹事，四工人，每月開支約三十萬元。

訪吳仕漢局長及分署在廬山方面之負責人洪亭衢，知分署在廬山，還撥過二千袋麵粉，修理自好漢坡至牯嶺的大道，及其他主要路道數處，修建公廁四所，設置垃圾箱二十只。又曾施發貧苦山民麵粉一次，共二百九十五袋。

八月十一日　星期日

在牯嶺休息。

八月十二日　星期一

早八點三刻下山，抵九江後，住牯嶺賓館，此為廬山管理局所辦。

九江是江西分署接收物資的總口，以前接收物資的工作，由九江辦事處主辦，現在成立了物資接運處辦理此事。我們會到原九江辦事處主任王文俊，及現任物資接運處主任蔡寶儒，知道江西分署自一月起，至七月二十止，共收到物資九千五百零八噸，主要物資如下表：

物資	數量	重量（單位噸）
小袋麵粉	一三一，一〇二袋	二，七八八
大袋麵粉	三九，一〇八袋	一，七五四
舊衣	七，〇〇〇袋	一，二三二
煉奶	一七，八四三箱	四七一
奶粉	二，二三〇箱	八〇
脫脂奶粉	一，〇三四箱	一一八
罐頭牛肉	七，四七四箱	一八七
小麥	二七，五九七袋	一，五七七
罐頭食品	二六，四〇〇箱	六九四
帳篷	六〇〇捆	一四四
牛油	二，八五三箱	八五

貨物由九江輪船運至倉庫，每百斤二一五元，包括輪躉六十二元，堆碼三十元，上力一二三元。由倉庫運上輪船，每百斤一二三元，運上民船亦同。如在河中對駁，即由甲輪搬上乙輪，不入倉庫，須費一八四元，包括輪躉六十二元，過儎一二二元。以上碼頭力資，通行於七月底以前。自八月起，工會提出加增百分之三十，現正在交涉中，至少恐須加增百分之二十五。

物資由九江運至南昌，每噸須上下力六，七六〇元。如用輪船運輸，每市擔運費一，六八〇元，每噸三四，二〇四元。如用民船運輸，每市擔五二〇元，每噸一〇，五八七元。自南昌分發到各縣所花的運費，九江物資接運處無資料。

下午看分署租用之太古貨倉，可容二千噸，中藏罐頭，以腐爛的太多，臭氣撲鼻，因請主管人員，速加清理。尋坐小輪往看長江永安堤，未至，遇大風雨，小輪無法靠岸，就掉頭而返，在甘棠湖附近的振興菜館晚餐。甘棠湖是九江的名勝，風景頗似西湖，只是具體而微。

八月十三日　星期二

早八點起程，九點半到星子縣，在鄱陽湖邊，晤縣長劉相。他說星子縣淪陷的時間最久，二十七年六月即淪於敵人之手，去年八月才收復。房屋原有二萬八千餘棟，損失一萬六千餘棟，以沿公路的村莊損失最多。耕牛原有一萬四千頭，損失七千三百餘頭。戰前人口有十四萬，如除訓練班不算，亦有十萬以上，現在只有人口六萬六千餘人。縣城中只有四保，二千餘人。我問縣長，星子縣目前的需要是什麼。他說農民需要房屋，農具及耕牛。十一個鄉鎮的中心小學，完全毀壞，需要重建。衛生院需要房屋及藥品。現在的衛生院，每月辦公費只有一千五百元，院長的薪水，是一萬四千四百元，另給公糧一百二十市斤，最近減至四十五市斤。救濟院需要物資。現在的救濟院，每月辦公費五百元，救濟殘廢十名，老人十名，每人每月發公糧三十斤。

午刻抵德安，晤縣長歐意祖，知德安在民國元年，有人口十四萬，民九只有九萬餘人，戰前尚有七萬餘人，現在只有三萬七千餘人。戰前城內有房屋二千棟，克復時只存五棟半。全縣有房屋一萬五千餘棟，損失約八千一百棟。戰前有耕牛四千餘，現只存千餘。耕地有二十二萬畝，荒地約佔一半。現在推行公耕制度，一保公耕五畝，一鄉公耕十畝。全縣有九鄉，五十四保，開墾荒地亦無幾。荒地加增之主要原因，為無房屋，無耕牛，無人。星子與德安二縣，都歸原第三工作隊管轄。這個工作隊，似不如第十一及第十二工作隊那樣積極，在星子及德安二縣的成績，並無足觀。

三點半抵永修縣的張公渡，該地有荒田約一萬五千畝，分署擬在此設合作農場。聯總農業專家卞君適由此經過，他要我坐上他的吉普車，開到小山頂上，舉目一望，全場在目。戰前的房屋，十九給敵人焚燬，以致目前居民，頗感房荒。戰前當地居民，有四千餘人，現在只餘五八八人。分署現擬與墾務處合作，招致墾民一百戶，辦理合作農場。所需經費，約二千萬元。所需物資，為篷帳一百頂，舊衣二包，四號給養麵粉一，八二〇袋，頭二號工賑麵粉七三〇袋。將來開闢的荒地，擬以七千五百畝作水田，二千五百畝為旱地，種植旱稻、油菜、棉花、大豆、小麥等作物。

下午六點抵南昌，本日行一八七公里。

八月十四日　星期三

上月底蔡署長因要改組江西的工作隊，所以把各地的工作隊長都請到南昌來開會，他們到會時，都帶來工作報告，簡略各有不同。工作隊對於輸送物資辦法，各有定章，但除第十一工作隊以外，其餘工作隊，大體均負責將物資送至各縣。第十一工作隊，於四月十六日，曾訂有委托縣政府代運救濟物資暫行辦法，其要點為物資出倉到起運地點，由工作隊負責搬運，力資亦由工作隊負擔，但運輸工具，由縣政府自行辦理，運費亦由縣政府負擔。第十一工作隊，所以不肯擔負運費的緣故，乃是因為所轄區的三南交通不便，運費太鉅。別的工作隊，對於運輸工具，雖然也請縣政府自備，但運費則由工作隊代付。如第四工作隊，曾有辦法規定，運輸費用，比照運輸軍糧辦法。由工作隊照額發給。人力肩挑，每八十市斤，日行三十公里，發給運費七百元。物資起卸，及到達後倉儲整理等業務，都由工作隊負責。

儲運組主任楊得任說，江西的運費，要分幾段計算。由九江至南昌，約一萬元，此數與我們在九江打聽到的民船運價，相差無幾。九江及南昌的上下力，約一萬元。九江的上下力，我們已經知道是六千餘元，南昌的上下力，每百斤須二百元，每噸須四千元，兩處合計，在一萬元以上。由南昌運至各地工作隊的運費，我們取了八個例子平均，而且假定都用民船，每噸需一萬九千五百元，最少的運費，是運到豐城，水程只有七十三里，運費每噸為四千三百八十元。最大的運費，是運到宜春，水程有三百零三里，運費需三萬零三千元。南昌到贛縣的路程雖然較遠，有四百四十一公里，但運費較低，每噸只要二萬六千四百元。

由工作隊所在地，將物資運至各縣，我們也假定都是用民船，取了三十三個例子，求得每噸的平均運費為一萬一千六百元。所以每噸物資，由九江運至各縣，平均要花五萬元以上。

江西也有儲運站，但其數目不如湖南、廣西之多。除九江有物資接運處外，在吉安、鄱陽及河口（屬鉛由縣）三地，設儲運站三處。吉安與鄱陽，接運自南昌與九江運來之物資，河口接受自諸暨由公路運來之物資。

分署收到的物資，我們從九江物資接運處得到的統計，是七月二十以前，共得九千五百餘噸。分署發給各工作隊的物資，至七月底止，共三，三六七噸，另有發放南昌市物資七五五噸，平售物資八四三噸，共四，九六五噸。沒有發出的物資，存在九江及南昌倉庫中的，各約二千餘噸，所以從運輸觀點看去，江西的工作，還要努力。因為救濟的物資，是越早到災民的手中越好。

八月十五日　星期四

與賑務組副主任江一清談改組後的工作隊及江西分署賑務工作的大概。改組以前的工作隊，共有十五隊。南昌市的救濟工作，由分署的賑務組直接辦理。改組以後，南昌市設省會工作隊，九江為江西門戶，人口眾多，損害尤重，所以單獨設一工作隊。此外還設有八個工作隊，區域的劃分，為配合行政系統起見，以現有行政區為標準。隊部以駐於行政督察專員所在地為原則。每一區內，得視目前交通情況，並根據實際災情的需要，設置工作站，受工作隊的指揮，辦理該站駐在縣份的救濟工作。大約以前有工作隊而現在取銷的縣份，都設有工作站，以免原有工作的停頓。除工作隊隊部駐在地，及設有工作站的縣份外，其他受災各縣，均設查放站，為工作隊的基層執行及連絡據點。工作隊分甲、乙、丙三級，甲級包括所屬工作站在內，人員以二十四人為限。乙級限二十人，丙級限十六人。各區縣市設審議委員會，其中區審議委員會，以各該區專員為主任委員，工作隊長為副主任委員，各縣縣長，縣參議會議長，及其他社會賢達為委員。改組後的工作隊有一優點，即與省政府的行政系統，配合更為密切，如運用得宜，可以發生更大的效果，因為工作隊可以動員財力，而當地政府，則可動員民力。這兩種力量相配合，辦理救濟善後工作，比單獨進行，效率必然要大些。

江西的工作隊，還有一點毛病，就是各自為政，他們的錢如何花法，分署並不知道得詳細。在廣西與湖南，建築補助費是由分署統籌辦理的，所以在每一方面，分署一共花了多少錢，分署的主管人，是馬上回答得出的。在江西，建築補助費，有一部份是由各工作隊支配，他們可以利用這筆款項，建築小學校舍，也可用以建築道路橋樑，也可用以修建福利機關，也可用以修建平民住宅，也可用以修建小型堤壩涵閘。每一項目之下，分署各地的工作隊，一共花了多少錢，我在南昌沒有方法打聽得到。原因是各地的工作隊，並不能如期呈送他們的會計報告。會計處的主管人員曾拿出一張表來給我看，上面表示到七月底止，各地工作隊已送到那一天的會計報告。成績最壞的，是第三工作隊，根本沒有送過會計報告。成績最好的是第六工作隊與第十二工作隊。第六工作隊的會計報告，已送到七月十七，第十二工作隊，已送到七月十八。其餘的工作隊，會計報告送到三月，四月，五月，六月的都有，從這些參差不齊的會計報告裏，無法計算他們在每一項目下支出的總數。改組以後，據蔡署長告訴我，工作隊的經費，將要大為減少。建築補助費的開支，也許要集中在分署辦理。

江西分署的賑務，共分十五個項目：

(1)遣送義民回鄉，至七月底止，遣送總額，為四五，〇三九人。

(2)辦理冬令急賑，自一月至四月，曾在南昌設冬令收容所二所，縫製工廠二所，並組設冬令工賑隊，招收貧苦難民，整理環境衛生。

(3)振濟孤苦赤貧，主要工作，為發麵粉及營養食品，受惠人數，為一百四十九萬餘人。

(4)救濟失業難民，即在各地以工代賑，鋪修街道，清除垃圾，疏濬下水道，及修理公共建築，每工視各地物價情形，發麵粉三斤至五斤，工款一百元至四百元。

(5)修建平民住宅，包括各地農舍一千五百餘間，為江西省最有成績的工作。

(6)發放水車農具，水車共貸放一千二百餘部，農具共施放二萬九千餘件。

(7)籌設合作農場，先從張公渡下手。

(8)與修農田水利，已成橋樑十三處，堤壋一四五處，涵洞四八個，堵口四八處，修理險段八四處，建築水庫四一所，水陂十三處。

(9)協條公共建築，各地的醫院、衛生院、救濟院、中學、小學，得到補助的，共一百七十三單位。

(10)興修市政公程，集中在南昌市辦理，分署擬擔任經費四億五千萬元，與省府合作辦理。

(11)推廣福利事業，除協助原有福利機構外，並在南昌自辦白日托兒所，流散兒童收養所，在各地設立施乳站。

(12)補助小型工業，曾舉辦磚瓦業貸款及紙業貸款，得到補助的共八十三單位。

(13)協修鐵路公路，對於南潯鐵路，曾撥麵粉三千袋，對於武萬公路，曾撥麵粉二千袋。

(14)改良作物種籽，曾發總署撥到之棉種十噸，蔬菜種子四二〇桶。

(15)試行平售辦法，為協助抑平糧價，曾在南昌及九江兩處，平售麵粉，限於貧民購買。在大庾等縣，貸款與縣政府，辦理平糶。

從這些項目看去，我們可以知道，江西的救濟工作，方面之多，與廣西、湖南相彷彿。

江西分署的衛生工作，據衛生組劉專門委員南山談，主要的共有五項：

(1)為補助修建醫院，戰前全省各醫院其有病床一，二七六張，戰後僅有八三〇張。分署為協助各醫院迅速復業起見，曾撥鉅款，為各醫院修建房屋之用。根據衛生組的數字，南昌市得到補助的凡十一單位，共二〇五，一五〇，四五七元。各縣衛生醫療機關得到分署補助的，共七單位，總額為七千五百萬元，但各縣受到工作隊補助的，未計在內。

(2)為配發藥品器械，計分配於省衛生處附屬機構百分之五十，教會醫院百分之三十，分署所屬機構及醫學校附屬醫院百分之二十。

(3)為設所免費施診，分署在南昌市自建傳染病院及門診所各一所，工程均已完成，一俟藥械撥到後，即可開放。各工作隊均設有門診部，為貧病災農，免費治療。

(4)為設立免費病床，在南昌共設二一三張，在其他各縣共設一二七張，凡貧苦病人，入院治療，分署代付住院一切費用，同時配發牛奶、奶粉，由各醫院轉贈貧苦人領用。

(5)為防治流行疾疫。省衛生處防疫總隊部，設有中隊十隊，並領得衛生署所發藥械一批，但因經費困難，無法調動，分署現在每月補助他們調動費五十萬元，以利工作。分署並且成立了巡迴醫療防疫隊四隊，無論何處，只要有瘟疫發現，便派巡迴醫防隊去醫治。

他們到過南城去防鼠疫，到過九江、吉安等處去防霍亂。在省會的南昌，因為七月底起，霍亂流行，分署曾與衛生處及其他衛生機構，組織臨時防疫委員會，設立臨時時疫病院一所，內置免費病床五十張，同時委託各醫院增設霍亂病床八十張，全部經費，都由分署補助，已撥一千五百萬元。此外並補助省衛生處一百六十萬元，在市區成立防疫注射站六處，注射人數，已達五萬三千人。談到防疫，劉先生還講了兩個故事，都是關於鼠疫的。第一個故事，是關於黎川鼠疫的來源。他說黎川的鼠疫，是由南城傳去的。三十四年南城硝石鎮有一紳士，以為鼠疫即暑疫，避疫的方法，應請和尚打醮。有人說他提倡打醮，含有經濟的動機，因為他是包辦硝石鎮屠宰稅的，打醮可以吸引鄉民，人來得越多，豬肉的銷路越大，他的稅收也越增加。打醮的結果，屠宰稅是否增加無可考，但這位紳士，卻染疫而亡。他有一個妹妹，自黎川來探視，染了鼠疫而歸，於是黎川也就發生鼠疫。第二個故事，是關於南城、株良、新豐等處鼠疫的來源。自從南城發現鼠疫之後，專員、縣長，與當地衛生機構，便發動打預防針，但鄉下人，以及沒有受過教育的民眾，不知道打針的意義，視此為畏途。許多人看到打針，便設法逃避。專員有一次，只好與軍隊合作，把路上的交通斷絕，於夜間敲開人家的大門，從床上將老百姓拉起，強迫打針。有幾個人，怕檢查打針，便從縣城逃到株良、新豐，結果是死在那兒，由此傳染，每處都死了三十餘人。

八月十六日　星期五

我們因為分署的工作，與水利局及衛生處的關係，非常密切，所以今日去訪問這兩個機關。在江西水利局，我們遇到燕局長方畋，及丘副局長葆忠。他們對於分署善後工作，注重農田水利一點，頗為贊成。水利局在各行政專員區設有水利工程處，每處約二三人。將來整理江西的農田水利，可以由分署出錢出麵粉，水利局供給技術，縣政府動員人力，以此合作方式進行，結果必然完滿。

燕局長首談贛江發展計劃，包括築壩、發電、管制水位、開發資源、便利通航等方面。現擬以六個月工夫，作勘察工作，然後在贛縣與萬安之間，築一低壩，贛縣以上，築一高壩，即此開端，便需美金至少四千萬元，恐非目前省政府的財力所能負擔。在湖南，我們也聽到開發沅江的計劃，其觀點與此相同，這個新的觀點，無疑的受了美國T.V.A.的影響，我們希望在最近的將來，這種理想，可以在事實上表現出來。

江西水利局目前辦理的工作，著重防洪與防旱，也就是無法控制水災與旱災。在這兩方面假如能夠成功，江西就每年有米可以輸出，接濟缺糧的省份。防洪工作，即在揚子江、鄱陽湖及贛江口築堤或修理原來的堤工。中央水利委員會，關於此事，已與行總洽有成議，本年已由行總撥麵粉四千噸，開始此項工作。現在初稻已收，水患無虞。此後還有一萬噸麵粉，可用以繼續辦理此項工程。堤防修復之後，五六年內可無水患。防旱工作，過去曾在各地組織水利協會，名江西某縣某地水利協會，會員以受益範圍內的農田業主為限，興辦各種小型水利工程，工程完成後，即由水利協會保管並修理。水利局想用以工代賑方式，修建各種水庫、塘壩、水井、溝渠、涵閘、圩堤，全省各縣，此類工程，當在千處以上。分署於今年秋收之後，如要在各縣辦理此項工作，應令各縣先行提出計劃，水利局與分署合同審查。核定之後，可由三方面合作施工。

燕局長擔任江西水利的工作，已有十年以上，所以各種計劃，擬好的已經不少，只要經費有著落，便可開工。他提出請江西分署特別注意的，有下列幾種講：

(1)吉安至湖口段撩淺工程。吉安至南昌段有二三五公里，應經常維持吃水〇·六七公尺之船隻通行，應挖沙石方一九八，三〇〇公方，用人工撩淺。南昌至湖口段一三六公里，應維持吃水一公尺之船隻通行，應挖沙五二，五〇〇公方，用挖泥船兩艘撩淺。經費估計須二十八億元。利益為便利救濟物資的輸入，及本省各項物產的輸出。

(2)修築萬安渠工程。萬安渠僅次於萬安縣白土鄉及泰和縣馬市鄉之間，灌溉二鄉農田三萬五千七百市畝。原建工程，有條石滾水壩一座，長一〇八公尺，引水隧洞一座，長一〇二公尺，筏道一座，幹渠一道，長十五公里，支渠十二道，長約三十公里。現擬修理壩身，加築水泥壩面，共需三億三千五百萬元。此項工程完成後，每年可增產稻穀六四，四五〇市石，以每石值八千元計，每年可增利五億一千五百六十萬元，足抵工程費用而有餘。

(3)管理南州水利工程。南州區域，包括南昌、豐城、進賢、臨川四縣屬地，工程目的，在防止撫河支流灌注及贛江倒灌，兼利灌溉及保護浙贛鐵路與公路。受益農田約一百二十萬畝，全部工程費用，約四十九億元。

(4)泉港防洪閘工程。建閘地點，在清江、豐城兩縣交界之泉港口，可保障每年淹沒兩次之農田十六萬餘畝，費用約十二億元。以上各種工程，水利局都已測量過的，有說明，有圖表，表示預備的工作，做得相當的好。我們與燕局長等談話後，下午會到建設廳廳長胡嘉詔，他對於整理贛江意見，與水利局相同。數年以前，他曾提出建築水庫五萬個的計劃，當時估計，每個須款二萬元，現在非百萬元以上不辦。這個水庫計劃如果成功，則江西有一千萬畝農田，可保永無旱災。

下午我們與衛生處熊惾處長談話。關於防疫工作，他說現在八十三縣，都有防疫委員會。南城、臨川、黎川、南豐四縣有鼠疫的地方，設有防疫處，處長由縣長兼任，副處長由衛生院長兼任。在這四縣內，都設有隔離醫院。我又問他十個防疫隊在些什麼地方，他說有兩個在臨川，此外在梁家渡檢疫站，南豐、南城、及黎川，都有一個，都是對付鼠疫的。防疫隊的工作，一為打預防針，二為塞老鼠洞，三為噴射D.D.T.。防疫隊受各縣的防疫處指揮。臨川的防疫隊，不久擬撥一隊到李家渡檢疫。現在防疫的困難，一在疫苗不夠用，二為滯留旅客一星期，不易辦理，三為車船滅鼠無有效辦法。

談到各地衛生院的情形，熊處長說各縣並不一致。有些縣長，對於衛生注意，經費多些，成績便佳。如上猶縣對於衛生人員，待遇頗高，所以請得到三個醫生，衛生院的設備，也差強人意。假如縣長對此不發生興趣，則衛生院辦理必無成績。現在省府每年對於縣長的考績，衛生工作，只佔百分之三，所以多數縣長，對於衛生不感興趣。衛生院的院長，係由縣長保薦，經衛生處審核，同意後，再由省政府派充。縣政府所提的人，如不合格，衛生處也可直接派人充任，實際衛生處也找不到人，所以不合格的人，只好讓其暫代，全省八十三個衛生院，院長是暫行代理的，在三十人以上。中正醫學院，是江西省訓練醫生的最高學府，但中正醫學院的畢業生，沒有一個人肯當院長的，實因衛生院的待遇太差。現在的院長，大半為醫專畢業生。進醫專的資格，以前是高中畢業，入校後受訓年。近年程度降低了，初中畢業生，便可考醫專，入校後受訓六年。各地的衛生院，人才缺乏，的確是一個嚴重的問題，但我觀察若干縣份所得的印象，就是藥品的缺乏，其嚴重性過於醫生資格的不高。中國各地大多數的農民，所患的只是機種很普通的毛病。譬如江西第一工作隊的門診部，自四月二十日起，到六月底止，看過三千零四十八個病人，其中患瘧疾的七一二人，呼吸器系統病的二一〇人，營養不良一〇〇人，痢疾九十人，疥瘡一〇四八人，癩痢頭五〇〇人，砂眼二四〇人，介紹醫院治療一四人，其他二二〇人。在這個簡單的統計中，我們知道一個事實，就是普通農民的病，都有特效的藥可治，不必要高深的醫生，也能開方治好瘧疾、痢疾、疥瘡等病痛。所以我們如想充實各地的衛生院，第一要充實的，乃是藥品。可惜各地的衛生院，以經費支絀，藥瓶中總是空的時候多。如何補救這種缺點，我從到了廣西後，就常想這個問題，後來我看各省辦教育的機關，辦救濟的機關，常有一些田產作基金，維持他們的事業，因而想到一點，就是各地分署，能否在一兩年內，為各地的衛生院，籌集一點基金呢？各省分署對於衛生的工作，都是一樣注意的，如協助修建衛生院，如分發各衛生院以藥品器械，其貢獻是很大的。但是分署是一個臨時機構，分署取消之後，誰來供給藥品給衛生院呢？為各地的衛生院作長久的打牌，我曾向很多有關的人進出一點意見，就是各地分署，在救濟工作的過程中，曾放出一些貸款，將來收回此項貸款時，應即作為衛生院購藥的基金。我又向行總提議，將來在淪陷區各縣，辦理一些房屋貸款，每縣暫定為二千萬元。此時以這筆款項，協助農民修建住宅，將來農民還清此款時，即由縣政府，縣參議會，縣衛生院，合組一保管委員會，以利息所得，作為衛生院購藥之用。假如類似的辦法，能夠實行，對於各地的人民，無疑的是一個大的貢獻。我旅行各處，覺得受災的人，第一件事放在腦筋中的，就是如何可以吃飽肚子，等到吃飽了肚子以後，他們認為最重要的事，便是如何可以得到醫藥。德安縣的幾位紳士，與我談話時，曾提出一個要求，就是分署如取消當地的工作隊，最好把工作隊的門診部留下來。這句話表示內地人民，對於醫藥的需要，是如何的迫切。

八月十七日 星期六

早八點離南昌赴高安。離南昌四十六公里，有古樓崗，屬鳳儀鄉，戰前有八十六人，現在只餘四十六人。這個村莊原來的房屋，均已焚燬，新的房屋，均係茅舍，其中有一部份，是第六工作隊協助蓋起來的。第六工作隊隊長謝龍泉，與我們同行，我問他在高安協助農民建築茅舍的辦法，他說這個辦法可分數點。第一，搭蓋的區域，係選房屋損失在百分之七十以上的為重要區，損失在百分之五十以上的為次要區。第二，協助的對象，以房屋全被毀壞，無力自建的農戶為限。第三，發給材料的標準，每兩農戶合建茅舍一棟，每棟發給茅竹四十根至六十根，杉木十根至二十根。此外另給工程津貼費五千元。第四，茅屋面積自四方丈至六方丈，牆的高度，自八尺至一丈。在這個規定之下，工作隊曾在高郵、連錦、祥符、儀鳳四鄉，協助農民建築茅舍一六一棟，共六四四間，發給茅竹七，五三〇根，杉木一，七六〇根，工程津貼費七十二萬五千元。我們從入高安縣境起像這類茅舍，一路看見很多，前幾天高安大風，有若干茅舍為風所吹倒，經研究，知道有些農民，以茅竹為樑為柱，柱的上端穿空，俾橫樑可以通過，因此柱的支持力量，大為減少，如樑柱都改用杉木，可以不會發生此項不幸。離古樓崗前行，到祥符鄉的祥符觀，此地原頗繁榮，且有車站，現在車站附近的房屋，燒得一點痕跡都看不出，屋基上長滿了青草，我們在青草叢中，發現了一塊三合土的地基，才可想見當年車站的位置。祥符觀的村裏，戰前有千人，房屋一百餘棟，店舖約八十餘家。現在只有六棟蓋瓦的房子，二十七棟蓋稻草的房子，其中二十一棟，是工作隊幫助蓋起來的。人口由千人降至百餘人，患瘧疾的有一半，村中只有一個中醫，奎寧丸也沒有得買，我們答應病人，在歸途中，一定帶點奎寧丸來送他們。

十二點抵高安縣城，在工作隊部午餐後，往訪李縣長炳文。全縣有四十鄉鎮，人口原有三十餘萬，現在只有二十四萬。縣城為錦江分為南北，經濟中心在南城，政治中心原在北城，現因北城的房屋，為敵人焚燒殆盡，所以縣府也搬到南城來。河北原有十一鄉，現合併為七鄉，房屋損失，以錦河北岸祥符等六鄉及縣城為最慘，可以說是燒光了。錦河南岸銅湖等五鄉，房屋毀去三分之二。其餘二十九鄉，平均房屋毀去百分之五。共毀店屋四，三八〇棟，住宅二四，九三八棟。土地荒蕪的，祥符、儀鳳、高郵三鄉，達二七，九四二畝，筠陽鎮等八鄉，達一九，一九四畝。其餘二十九鄉，達六七，二二四畝。人口減少，荒地加增，是江西受災各縣中一個普通的現象。縣長提出高安的需要，計有八點：(1)農舍六百棟，每棟四間。(2)平民住宅二百棟，較農舍略佳。(3)農具與耕牛。(4)藥品。(5)小學二十二棟。(6)重修通錦江南北的仁濟橋。(7)小型農田水利。(8)充實醫院及救濟院。關於最後一點，縣長也給了我一些統計。高安的衛生院長，薪水二百六十元，加成八十倍，生活津貼二萬元。院的辦公費，每月二千四百元，事業費二千元，藥械費四千元。救濟院院長薪水每月七百五十元，辦公費每月一千元。救濟的對象，是孤貧一百五十名，殘廢二十名，每名每月領津貼六百元，並不住於院內。

歸途我們從工作隊領了一些藥品，至每一個村莊，都發放一部份。過新建縣西山萬壽宮時，我們去參觀，香火頗盛。六點回抵南昌，本日行一二〇公里。

八月十八日　星期日

今日應蕭純錦院長之約，於上午十一點至蓮塘農業院，有地千畝，原有規模，受戰事損失，一時頗難恢復。在院中再晤洪軌廳長，彼謂省政府為節省經費，已決定將省立七醫院移交縣政府辦理。我說省立醫院，為省政府辦理之主要福利事業，過去以經費比較充足，所以設備與醫生，都超過縣政府所辦的衛生院。假如移給縣政府辦，醫院的內容，難免退步。此為衛生行政上開倒車的工作，希望省政府再加考慮。洪廳長表示省政府決不願見此數醫院停辦或退步，如縣政府無力接收，省政府當繼續負責。為江西民眾的福利著想，我希望省政府不要在醫院上省錢。省政府的收入，都是取之於民的，但用之於民的，如把醫院再除開，那就實在太少了。

自農業院回南昌後，與蔡署長作長談，我說過去江西的救濟工作，有兩點是別省所不及的，一為農舍的建築，二為農具的發放。農舍的建築，在住的救濟上，另開生面，是江西的特殊貢獻，是可以自豪的。分署過去的工作，也有兩個缺點，一為行政權不集中，以致各工作隊業務的進行，以及經費的支配，分署無法知其全貌。第二個缺點，就是建築補助費，花在南昌的太多。第二缺點，也許主持的人，以為各縣需要補助，可向工作隊請求，只有南昌市的需要由分署直接負責，於是分署把所得的業務費用，除分給工作隊的以外，其餘的就完全用在南昌了。但是分給每一個工作隊的錢，數目有限，而分署留下直接支配的錢，相當的多，因此南昌市得到分署的好處，遠在其他各處之上。關於此點，我們舉出幾個數目字來證明。根據會計室的報告，醫院修建費，至七月底止，其支四二一，一六〇，一五四元，其中用於南昌的，共三三六，二五八，六七四元，用於各縣的，共八四，九〇一，四八〇元。由此我們可以看出，醫院的修建費，有五分之四，集中於南昌。衛生組給我們的數目字，與會計處的略有出入，但集中於南昌一點，則是相同的。學校修建費，據會計室報告，共費三一七，二七九，三〇六元，其中用於南昌的，共二三七，二七九，三〇六元，用於各縣的，共八〇，〇〇〇，〇〇〇元。依此統計，有四分之三的學校修建費，係用於南昌。也許這個數字，不能代表實際的情形，因為各工作隊的會計收入還沒有完全向分署報告。我們現在再用另一方式，來計算分署在南昌市以外所花的建築費。據會計室報告，分署至六月底止，共撥各地工作隊經費一，〇二〇，五〇〇，〇〇〇元。依規定，各工作隊除辦公費外，應以半數為建築費。今以第十一工作隊的經費支配表為根據，建築費佔全部經費百分之四十二。又假定各工作隊之建築費，都用在醫院修建及學校修建上面，那麼各地工作隊所領的經費中，應有四二八，六一〇，〇〇〇元，用於上述二途。此為最大的估計，實際因建築費還有其他用途，教育與衛生二項的修建費用必達不到上述數目。今姑以此數與南昌市的醫院修建費及學校修建費相較，（六五三，五三七，九八〇元），還不到南昌市的三分之二。但南昌市的人口，現在只有二十餘萬，還不到全省人口的百分之二。以百分之二的人口，其所得建築費的實惠，竟超過全省人口的所得，其不合理，甚為顯明。假如分署以後將工作隊的建築費收回，統籌支配，我想對於南昌市，必不會如此偏重。現在的情形，以學校修建費而論，南昌市已有五十六個單位，得到補助，別的淪陷縣份，有未得到一塊錢的補助費的。假如分署統籌分配，在江西六十四個淪陷的縣市中，每一縣市，恢復一個學校，那麼全省各縣的所得，必然會超過南昌市的所得。所以我們贊成統籌分配建築費，廣西與湖南在這一點，實可為江西取法。

八月十九日　星期一

早八點起程離南昌，東行入浙。至梁家渡後，公路分而為二，一往南城，一往進賢。我們原擬取道南城赴鷹潭，後來因為聽到建設廳胡廳長說，由進賢往鷹潭的公路，最近已可通車，此路途程較短，所以我們便聽胡廳長之勸，改走新路，自梁家渡到楊溪，途中經過進賢、東鄉二縣，路面多鋪碎石或磚塊，車行頗艱難。一路也沒有飲茶或吃飯的地方。四點到楊溪，公路又分道，一往景德鎮，一往鷹潭。我們向到鷹潭的路上走，路更壞，土鬆，車陷於泥中數次。有一處路陷，車不能過，下車修路半小時，勉強通過。離餘江縣約三里處，有二缺口，尚未補齊。縣長正發動民工數百人，修補這兩個缺口。我們看到此種兩形，知道今日無法通過，乃步行三里，過江至餘江縣城，先到第十三工作隊部休息，隊長張掄元，為工作隊改組事，已赴上饒，我們在工作隊晚餐後，即赴縣長官舍借宿。縣長黃奠民告訴我，修公路的工人，完全是徵工來的。工人數額決定後，由縣派於鄉，鄉派於保，保派於甲。擬徵的數額，總是徵不齊的，常常只到四分之一。縣府如催派，又陸續來，來而復返。因此徵工的效率，是很低的。餘江公路的缺口，原定五月底完工，後延期到六月底，七月底，現在已是八月，尚未完成。工人晚間睡覺，係借用民房，每天伙食，規定米二升，副食費三百元，由各鄉統籌。依規定，鄉長保長應親自到場監督，但鄉長保長從未來過。縣政府的建設科，在築路期內，全體出發監工。今天在公路上遇到建設科長，亦著足，拿著指揮棍，在烈日下跑來跑去，總算是與民眾同辛苦。徵工除築路外，還有運糧。運糧是給工資的，但只到市價的一半。我說，田賦不是免了一年嗎，為什麼還要徵工運糧？縣長說，現在所運的不是田賦，而是政府徵購的餘糧。據說政府要在江西徵購餘糧五十萬擔，餘江縣分到二萬四千擔。每擔的價格，最初定為一千四百五十元，王主席到省後，以穀價高漲，將每擔穀價，提高到四千七百五十元，但現在穀價約萬元，所以人民還是吃虧的。餘糧歸誰擔負，曾在縣中舉行一次攤派會議，實即擴大縣政會議，包括團、黨、參議會、商會等機關的負責人。會議決定各鄉鎮數額後，各鄉鎮即開會議，決定各保應派數量，然後，由各保分派與各甲，各甲分派與各戶。保長在收穀時用大秤，並派運費，但運糧時則派民夫，又可因消耗的損失而酌量多派，所以在徵購餘糧的過程中，保長是有利可圖的。

縣長又說了一些縣政大概，我特別注意衛生院與救濟院的工作。衛生院與其他各處一樣，經費不充足，每月辦公費只有八百元，購藥費數千元，掛號看病的，每日約二十人。救濟院經常費每月也只數千元，被救濟的人，有三十六名，每日得米八合。這三十六個人，有二十八個住院，都是患痲瘋的，其餘八個不住院的人，則為瞎子。救濟院還津貼八十三名嬰孩，每名每月可領十五元，死去一人，才可補一名新的。如不死，此項津貼，為數雖微，可以領到十六歲。

本日行一三八公里。

八月二十日　星期二

早十一點二十分，公路已修好，我們便由餘江起程，自餘江到鷹潭，路面土鬆，極不易行，司機決定回南昌時，仍繞道南城而行。過弋陽楊樹橋，下車休息，遇一過路居民，我們問他過去數月所納的捐稅，共有幾種。他說沒有記賬，一時算不清。我們請他把稅捐或攤派的名稱說給我們聽。他提出五種，一為豬捐，兩個月派一次，每次四百元。二為壯丁錢，半年納七千餘元，以為鄉公所及保辦公處的經費。三為田畝錢，每畝納三斤半穀子，半年納一次。四為餘糧的攤派，每畝納九斤半。五為保學穀，每戶三十一斤。這些錢為什麼要交，交出去作何用途，他一概不知。

下午六點抵鉛山縣的河口鎮，為江西四大鎮之一，以產土紙著名。我們在公園中休息，遇到一小乞丐，年十歲，廣豐人，姓陳，父母俱亡，流落至此。他手中一隻碗，一雙筷，衣服只有上衣，無褲。我們看他面目清秀，口齒伶俐，便決定帶他到上饒，交給工作隊安置。將來與我們同行的趙視察返南昌時，便可把他帶至南昌，交與育幼院。小孩也願意跟我們走，我們因為他的上衣齷齪，怕有虱子，便教他把上衣脫去，赤身跑到我們的汽車裏面來。我們的一個念頭，大約會改變這個小孩一生的命運罷。

下午八點抵上饒，行一二六公里。晤張掄元隊長，他現在是第六工作隊隊長，在未改組之前，他是第十三工作隊隊長，管轄餘干、餘江、貴谿、東鄉四縣。他先告訴我們過去處置建築費，各縣不同。餘干縣分得一千五百萬元，其中衛生院一千萬元，救濟院五百萬元。東鄉縣分得一千萬元，其中縣立小學三百萬元，救濟院三百萬元，廁所兩個共一百萬元，小型農田水利二百萬元，下水道二百萬元。餘江縣分得一千萬元，其中救濟院二百五十萬元，公共廁所一百五十萬元，衛生院五百萬元，縣立二小百萬元。貴谿縣分得一千八百萬元，其中貴谿中心小學六百萬元，鷹潭中心小學四百萬元，救濟院三百萬元，衛生院三百萬元，公共廁所二百萬元。物資方面，餘干與貴谿，所得亦較餘江與東鄉為多。以貴谿為例，該縣曾分得麵粉一千二百小包，舊衣二十七袋，舊鞋九袋，牛奶九十五箱，奶粉二十一箱。

八月二十一日　星期三

本日原擬乘汽車赴江山，後聞上饒至江山間，有一橋樑正在修理，公路不通，乃改乘火車。車行甚慢，自上饒到江山，只有九十五公里，火車於下午兩點開行，八點始達。浙江第四工作隊隊長李振夏，及分署農業技正趙武，均在站相迎。江山無良好旅館，因借志澄中學為下榻之地。江西視察，至此告畢。

附錄一 回憶清華的學生生活

吳景超

我於一九一六年，加入清華中等科的二年級，一九二三高年，在高等科畢業，（那時的高等科，等於大學二年級，所以到美國去，只能進大各三年級，不能入研究院）前後在清華當了七年的學生。

這七年的生活，在我的生命中，是很愉快的一段。過去我也常問自己，清華的七年，到底給了我一些什麼？我現在就簡單的把我的答案寫在下面。

首先我要說清華給我們的訓練。

在智育方面，清華那時的訓練，與別的學校不同的，就是英文的注重。那時清華的學生，畢業後都可以到美國去讀五年書，為使學生赴美後可以在語言上不感困難起見，清華的注重英文，自然有他的道理。我記得在清華中等科，除了英文讀本，英文文法，是用英文外，就是地理與代數所用的課本，也是用英文。這種訓練，現在回憶起來，實在是很好的。中國的社會科學，自然科學，都很幼稚，一個想做學問的人，如不在中文以外，弄通一國的文字，用他來做研究學問的工具，那麼他的成就，是頗有限制的。我現在還相信，清華大學，假如在一二年級的課程中，加增英文的分量，對於學生，是一件極為有益的了。

在德育方面，我們受的是一種循規蹈矩的訓練。早上聞鈴起床，把舖蓋收拾如式，蓋上白被單，乃是每一個人都要做的事，因為齋務員在吃了早飯之後，就要查宿舍的。早餐鈴搖過之後，五分鐘之內，就要在飯廳中自己的座位前坐下，齋務員拿一本簿子，把不到或遲到的記下來，不到的次數太多，是要記過的。那時的齋務長，等於現在的訓導長，對於每一個學生的面貌都記得，每個學生的名字都記得，這還不是為奇。最奇的是他記得每一個學生的學號，你如在早餐鈴已過五分鐘之後走入飯廳，他便把你的學號記下來了，三個數目字，寫起來是那樣的方便。我離開清華後十徐年，還遇到這位齋務長，他不但記得我高等科的學號，還記得我中等科的學號，對於這種記憶力，我只有佩服。在中等科時，我們每星期要寫一封家信，送到齋務長的辦公室中去投郵，以便登記。每月要交一次零用帳，以便審查有無浪費的情形。這種訓練，是好是壞，各人的看法不同。從好的方面說，在這種方法下陶冶出來的人，在規定的路上走，不敢放肆，不敢苟且，守法律，重秩序，夠一個好公民的資格。但在天下大亂，社會秩序需要重建的時候，這個典型的人物，總難望出人頭地。

在體育方面，我對於清華的訓練，至今還有說不盡的感激。那時的規矩，下午四點鐘的下課鈴搖過之後，圖書館的門鎖起來了，宿舍的門也關上了，學生只能上操場，或進體育館。不分冬季與夏季，一律如此。所以每日在四點鐘之後，無論你是否喜歡運動，你也得脫下長衫，跑跑跳跳。久而久之，誰也都會對於運動，發生很大的興趣。過去清華學生在運動會中與別的學校比賽，老是拿錦標的，但此點並非清華的特色。清華的特色，是普遍的訓練，使每一個畢業於清華的人，都會跑百碼，都能游泳，都可以打網球。這是清華過去體育訓練成功之點。我希望這種精神，能夠復活於今日。

課餘的活動，當年的種類，也是很多的。學生可以就各人性之所好，從事於一種或數種。我從中等科三年級起，便與《清華週刊》結了緣。記得最初週刊的編輯，是學校派定的，其後由學生會推舉。編輯的制度，有一個時候採集稿制，各個編輯，輪流負責。最後還是採總編輯制。我做七年的學生，當了六年的編輯。這種寫作的訓練，對於我是很有益的。快畢業的一年，《週刊》有社論一欄，我們幾個寫社論的，總是在發稿的前一晚，大家想好題目，奮筆疾書，不起稿子，不計文章的工拙，只求清楚明白，辭能達意，寫完之後，就送到印刷所去付印。我們幾個受過這種訓練的人，都把寫文章看作說話一樣。話說出口之後，並不時加修改，我們對於作文，也養成這種習慣。這種辦法，替我們節省了好多時間。

清華七年的學生生活，還有一種收穫，就是結交了幾個好朋友。人的生活中，需要幾個好朋友，彼此有透徹的了解，什麼事都可以商談，什麼話都可以傾吐。這種朋友，需要長時期的培養。只有在七年的長時期中，朝夕相處，同讀書，同遊戲，才可交得到這類的朋友。所可惜的，就是清華當時，還未男女同學。所以我們當年所交的朋友，沒有一個是異性的。這也許是人生的一種損失罷？誰知！

（原刊《清華暑期週刊》第十期）

附錄二　吳景超

（佚名）

I taking up this task I have bad no other thought than to see things as they are and to peport what I see. I am not wedded to my hypotheses not enamoured of my conclusions, and the next comer who, in the true scien-tific spirite, faces the problems I have faced and gives better answers than I have been adle to give, will please me no less than he please himself.

—E-A, Ross—

記得是一個九月初秋的下午吧？在三院靠西面的一個大教室裏，上課以前，人們黑壓壓地坐滿了一室，因為尚陌生，我沒有和誰說一句話，只把眼睛貪婪的送到窗外去，望那低頭聽讀書的萎黃的垂柳，體育館牆壁上夾綠夾紅的薜荔的葉子；微微的秋風，挾著餘熱，把斷斷續續的蟬聲給送了進來；這是一幅如何美麗的圖畫！於是一向具有一顆閒雲野鶴般的心情的我，心就追隨著這大自然的美麗，一起一伏的不知又飄蕩到什麼「無何有之鄉」或「廣漠之野」去了。——突然，一陣急浩氣長存的鈴聲，才又把我喚回現實的教室裏。

踏著鈴聲走進教室來的，引起我全部注意力的是一個挾著黑皮包的瘦長子。他慢慢的踱上講台去，把一頂灰色的禮帽放到桌上，就取出卡片來講書。這時我努力屏住氣息，向上望了眼，是一個著深灰色西服，白皙面孔，長臉兒，兩顆鏡襯著一條尖尖的鼻的人，據說是講社會學原理的教授。

也不知怎的，自從這第一個印象突然投進我的意識界以後，我的全部的注意力便被他捉住了。聽了他幾次的講演，不由的我腦裏的問題，就像雨後春筍一樣的生出來。由那和藹可親的面孔上，清晰流利的言詞上，我默默地把一顧攻治學問的雄心和隨著天性以俱來的尋根問底的態度，就都安放在這人的身上。可是，當時我並沒有敢發問，因為一切的人都陌生，乍到清華園來的劉姥姥，還沒有認清這座水木之村的謎，怕真個就惹出劉姥姥那樣的笑話。直到以後，幾月以後，一年以後，我的求知慾的輪子，因他的誘引而加速度的旋轉；我的思想的樞府，因他的指導而展開；新知識像炸彈樣碰到舊石塊上而爆炸了。於是我在不斷的發問，不斷的辯駁，不斷的爭論中，不客氣的話，我的見解觀念治學方法及態度和一切，才得到了一個進步的途徑。假如我到清華以後，在知識上學問上是稍有所獲的話，那麼給我的影響和裨益最大的，便是這位瘦長子先生。

二十世紀，在歐美的治學方法上所成就的最璀燦的兩顆結晶，便是科學方法和客觀態度。雖然如此，即在歐美的學者中在真能在治學問時恪守科學方法和客觀態度的，如我在前面所引勞斯（Ross）教授在《社會約制》一書序言裏所說的話那樣畢竟還是不多見的。這難處有不在前科學方法而在客觀態度，因為人一出生就有許多造成主觀態度的因素，例如家庭、地域、種族、階級等，都潛移默化的，滲透到意識裏。以後治學，因為有了先入為主之見「舊瓶裏裝不了新酒」，常常是「削足適履」，「指鹿為馬」，造成了自以為客觀的主觀見解。這毛病有許多著名的學者都要在有意無意中犯的！然而，在中國，在清華，我尋到了一位完全遵守這兩條規律的吳先生。他從來不曾把自我的主觀的尊嚴當做一件了不起的東西。在治學問時，他只很謹慎的利用科學方法的步驟，很客觀的讓結論一步一步的從事實中流露出來。他從來不談空虛的抽象的理論，從來不把未經事實證明的結果，懸空去做未來的的結論。因此，他沒有辯駁，也沒有爭論，在前幾年，在南京和上海之間，曾爆發了一種優生與文化的筆戰。有人就說吳光生的意見是「騎牆」是「折衷」，其實這還是不明白吳先生的話。因為吳先生的意見，絕不是什麼「騎牆」或「折衷」，而是隨著從事實所指示出的結論走的。

在這短短的幾年裏，假如我的觀察沒有錯誤的話，吳先生的思想和態度上，多不有些改變；雖然在大體上是沒有變動。關於吳先生這種改變，便是更求真，更實在，企圖把從前在自己知識的領域裏所忽略的和未曾加以注意的東西，完全補足起來，充實起來，添加了這一股有力的生力軍進來，致使吳先生所授的課程的內容，更加豐富、深刻。有味！

吳先生在最近二三年來，正利用他的嚴正的科學方法和客觀態度，來從頭整治這部浩如淵海的中國二十四史。計劃著用翻沙檢金的工夫，把有用的材料，自蕪雜零亂的史冊中選出來，以便寫成一部中國社會史以及中國家庭史。這一個偉大的工作我們熱誠希望早把結果提示給我們，給喧囂龐雜的中國學術界，嶄新的指出一條光明道路。

還有人認識吳先生的麼？當著西山銜山的時候，在清華園內的魚脊路上，當跑出兩輛新新的自行車子。前面是一個白皙的瘦長子騎著，後面跟著一個女人，在「夫唱婦隨」的兩兩馳聘著，如同哈代勞瑞兩先生在其《短片滑稽大會》影片中最後一幕所昭示給我們的那樣。——這定是吳先生和其太太。

（原刊《清華暑期週刊》第七八期）

附錄三 抗戰與人民生活

吳景超

本年五月間，我們得到一個機會，到湖南、江西、浙江、福建、廣東、廣西等省去考察。我們在路上走了七十天，看了六十二個縣市，行了七千五百公里的路。每到一處，與各界的領袖談話，我們一定要問一個問題，那就是，「自從抗戰以來，老百姓的生活，是比以前降低呢，還是比以前好轉？」出乎我們意料之外，所有的答案，都說老百姓的生活，比抗戰以前要好得多。江西有一位專員，很肯定的告訴我們，在他所轄的那一區內，鄉村的繁榮，是二十年來所未有的盛況。我們在都市中住慣的人，對於這種答案，起初都不大肯信，所以每每要追問一句：「老百姓的生活好轉，有什麼具體的事實可以證明呢？」各地的答案，自然是不一致的，我們把這些答案分類，可以發現下列的十種事實：

（一）老百姓現在比以前吃得好，如以前吃雜糧的，現多吃白米，以前吃稀飯的，現多吃乾飯。麗水附近有一村莊，以前五十天才殺一隻豬，殺豬時還要鳴鑼，好讓村民知道，前來購肉，現在該村每天要殺五隻豬。贛南一位專員，某次出巡，看見一位農民殺雞，便問他家中是否有喜事，農民說是並非為喜事殺雞，而是自己吃的，現在他每月平均要吃三隻雞。

（二）布價雖然在各地都一致上漲，但農民比以前還穿得整齊。在我們所經過的路上，除了貴州及廣西的西北部外，很少看見衣服襤褸的人。

（三）新建築比以前加增。在公路邊的村莊，我們常看見新的房子，在建築的過程中。舊房子的修理，在各地是常見的事。

（四）贖田的人日多，有些家庭，把田產在民國初年典出，好久無力贖回的，現在都贖回了。在好些縣份裏，贖田成為一種最普通的糾紛，典業的人，願意贖回，而管業的人，不肯交出。

（五）各地的田價，均一致上漲，如邵陽縣某村的田價，竟漲到每畝一千五百元。想買田的人很多，而願意把田產出售的，卻不多見。

（六）縣政府對於田賦的收入，常常超過定額。廣東的臨時地稅，去年比前年要增收一倍。江西貴溪縣的田賦，二十八年預算到了七萬六千元，實收十萬五千元，因為老百姓不但把二十八年的田賦交清了，而且把前幾年的積欠，也一併完納。這類的事，頗為普遍，贛南有好些縣份，去年田賦的收入，平均較額定的要增加百分之四十。

（七）以前新穀登場的時候，農民急欲得到現款，紛紛將新穀出售。近來在收穫季節，小販下鄉收穀，每收不到預定的數量，因為農民身邊都有錢了，不必急急把新穀脫手。

（八）還債的人很多，農民的信用，在金融家的眼光中，是普遍的可靠。如廣西雒容縣，去年中央銀行曾放農貸二十三萬六千元，到期只有二百三十元未還。這一家不還賬的原因，是因家主被徵出外當兵，妻子又不幸逝世，無人負責所致。除了這種特殊的例外，農民借債必還，因為他有還債的能力。

（九）過年過節，各地商店的營業，是普遍的發達。在市鎮中開雜貨店的，對於若干貨物，常有供不應求之感。

（十）乞丐、遊民，大為減少，若干縣份，早已絕跡。

我們聽了上述的報告，再證以自己的視察，覺得中國各地的老百姓，自從抗戰以來，生活好轉，是無可懷疑的事實。這現象，應該怎樣解釋呢？別的國家，打仗打了三年，一定要節衣縮食，降低生活的水準，為什麼中國大多數的老百姓，在抗戰三年之後，反而把生活改善呢？

對於這一個謎，我們可以作下列的解答。

農民生活改善的第一個原因，是由於農產品價格的高漲。

穀米的價格，固然是上漲了，別種農產品的價格，如煙葉、花生、茶油、蔗糖、芝蔴、香菇、水菓等等，其上漲的程度，如與穀米比較，有過之無不及。如廣昌縣的煙葉，以前三十餘元一擔，現在價格在百元以上。蓮子以前為二十餘元一擔，現在漲到二百元。雒容縣的花生油，從三十元一擔，漲到一百二十五元，白糖從十五元一擔，漲到一百二十五元。這些例子，證明農民的收入，的確比以前增加了。可是專引這一類的事實，並不能解釋農民的生活程度，為什麼會比以前增高。因為農產品雖然漲價，別種貨品也在漲價。假如農產品漲價的程度，超過別種物品漲價的程度，農民的購買力，才會比以前加增。事實上是否如此呢？南康縣的縣長，曾告訴我們一個故事，與這個問題有關。他說有一次到鄉下去，看見一位農民，挑了一擔茶油，到市上去賣，以所得的錢，到布店去買了三疋布。一位老太婆從他的茶油擔經過，看到了農民手中有三疋布，便問他現在一疋布是什麼價錢。農民所說的價錢，使這位老太婆咋舌，因為他生平就沒有穿過那樣貴布。可是這位農民卻很坦然的說：「這有什麼關係呢！以前一擔茶油換三疋布，現在還是換三疋布。」這個故事，表示農民所要購買的物品，與他所出售的物品，其漲價的程度相同。但是我們不能只憑一個故事來下結論。好些有物價指數發表的地方，都表示農產品漲價的程度，還趕不上別種物品，所以我們如欲解釋農民生活的好轉，只拿農產品漲價一事來說，是不夠的。我們一定要在別的方面去求解釋。

在別的方面，我們發現了農民生活好轉的許多原因。

第一，農民在運輸的工作上，得到一筆很大的收入。拿廣東來說，在抗戰以前，廣東有公路一萬四千多公里，現在因軍事關係，大部份都破壞了，只餘二千一百餘公里。前方軍隊的給養，便要靠人力來挑。廣東的定價，是挑一擔東西，走十里路，可得六毛錢。假如一天挑六十里，便可得三元六角。除了許多軍運之外，還有商運。不但廣東的公路破壞了許多，別省也有同樣的現象。以前花在汽油，汽車上面的錢，現在都轉移到挑夫的手裏去了。

第二，現在有許多機關學校，因為疏散的關係，都從都市搬到鄉間。以前花在都市裏面的錢，現在都花在鄉間了。而且他們搬到鄉間，便要租用農民的房子，以前一塊錢一間還租不出去的房子，現在每月可以得到七、八元以至十餘元的房租。這也是農民的一筆新收入。

第三，農民副業，如紡織造紙之類，以前因受舶來物品的壓迫，無不奄奄欲斃。現在一因敵人的封鎖，貨物進口不入，二因運費的昂貴，使外來物品價格高漲，所以各種副業，都如雨後春筍，發展甚速。如南豐縣的土布，以前完全停頓，近來又漸恢復。興甯縣的土布，以前出口不過三四百萬元，去年居然增到千萬元。所以農民在副業上的收入，大有加增，這也是戰前所想不到的。

第四，中央及地方政府，近來對於農貸，推行甚為積極，每縣的貸款，自數萬元以至數十萬元不等，結果是使鄉村中的金融，更為活躍。有一家金庫的門口，坐了一位賣皮夾的小販，生意甚為繁盛，過路的農民，常常在買到皮夾之後，便在腰邊掏出一束鈔票來放進去，這是在戰前不常看得到的現象。

第五，抗戰以來，大批的壯丁，各鄉間徵調出去，留在鄉間的人，每人都有事可做，以前失業的問題，現在完全解決了。過去在鄉村中，因人口眾多，常常遇到有人無事做的問題，現在好些地方，卻感到有事無人做，如河源縣的縣長，說是在他那兒招郵差，六十塊錢一月，可是沒有人應徵，因為挑夫可以賺到一百五十元一月。

第六、許多地方，禁煙禁賭，極為努力，煙賭上的奢耗，因之大為減少，餘下來的錢，便可用以購買日常生活必需品。有此數因，所以農民除了農產品之外，還有許多別的收入。農產品的高漲，已使農民的收入加增了，現在又新闢了許多新的財源，所以農民的購買力，便比抗戰以前，大有加增。這種增加的購買力，除以一部份支付農民習慣上認作必需品的代價之外，還有盈餘，這是他們生活所以好轉的理由。

在生活好轉的階級中，除了農民之外，還有工人，商人，這是大家都知道的，不必細述。

可是我們目前鄉村中的繁榮，乃是抗戰所造成的，並非生產革命的結果。英美各國在十八世紀以後的繁榮，主要的原因，是由於生產技術的改進，日用物品出產的加增。因為物品的大量加增，所以社會上每個人的享受，都比以前加多，社會上各界的生活程度，都平均的上昇，我們的情形，與此有別。抗戰以來，後方的經濟建設，雖然是突飛猛進，但在全國各地，敵人對於我們生產事業的破壞與摧殘，也是近十年來所沒有的。以整個的國家來說，生產的總量，是否有了加增，很成問題。假如生產沒有加增，而社會中有一部份人的生活卻好轉了，同時一定另外有一部份的人，生活較以前降低。這個假設，我們看了各地的情形之後，覺得是很對的。

抗戰以來，生活降低的人，最重要的有四種：一為低級公務員，二為小學教員，三為警察團隊。四為出征軍人家屬。前三種人有一共同之點，就是他們的薪水，原來就定得很低，自從抗戰之後，別的物價都高漲了，但他們的薪水，卻沒有什麼加增，因而他們的購買力，便比以前減少，維持戰前的生活，便非易事。後一種人，因為家庭的主要生產者，被徵外出，留下來的人，失去了一張重要的「飯票」，所以吃飯便感困難。不過在這一類的人中，也有例外。在我們所經過的地方，常有女子是主要的生產者，男子主內，而女子主外。男子在家中看小孩，女子卻在外面挑擔種田。這一類的家庭裏面，如男子被徵外出，不過是少了一個消費的人，對於留在家中的人，生活上並不發生影響。

各級政府，對於上面四種人的生活，也想了各種方法救濟，如湖南、浙江、廣西等省，對於低級公務員的生活費，近來都有加增，雖然加增的數目，並不很多。廣東與福建，對於低級公務員，有米津的辦法，自三元以至五元不等。有的縣份，提倡公務員於公餘之暇造產，即以造產所得，貼補伙食。有的縣份，在縣府中合作辦理伙食，吃的雖然是大家一樣，但出錢的多寡，卻看薪水的高低而有差異。如連平縣政府的包飯，縣長每月出二十四元，書記每月只出十六元。救濟小學教員的辦法，各省多有，其中以廣西若干縣的辦法，最為有趣。如宜山縣對於各村街某礎國民學校教員的津貼，係由養鴨得來。各村街於每年五月內，從學校基金中提出一筆款子，分發各戶，每戶二角，作為養鴨經費。到了八月，村街長便向各戶把鴨子收回，屆時鴨子的重量，約有二三斤，每斤可以售洋一元。售價所得，全數津貼學校教員。又如何池縣規定小學教員，每月可得五十斤穀子的津貼。穀子的來源，除由公款收入購辦外，不足之數，由全鄉鎮各村街民戶抽送足額，全年收穀不及千斤的，免予抽送。每年收穀千斤以上至五千斤的，抽千分之五，五千斤以上至一萬斤的，抽千分之六，一萬斤至一萬五千斤的，抽千分之七，餘照類推。確無稻穀出產的鄉村，得以其他農產品抽送。救濟警察團隊的辦法，一為裁員加薪，如南丹縣原有政府警察九班，現在裁去三班，只餘六班。裁減的結果，警兵每月收入，可加二元，警目加三元，警長加五元。另外一個方法，在福建普遍實行的，就是廉價供給食米。各縣都設地方隊警糧食籌劑委員會，統一採購各該縣隊警所需食糧，無論官兵，每人每日，食米以二十市兩為限，定價為每元得米九斤半。如南平縣米的市價，為二十一元，但隊警則可吃十元餘一擔的米，其虧損的數目，由各縣設法籌補。最後，關於救濟出征軍人家屬，以江西的辦法，為最可靠。江西各縣，對於出征軍人離家的時候，便先給安家費十元，以後每年可得十擔穀。安家費及穀款，均有統籌辦法。福建對於出征軍人家屬每月給救濟金自三元至七元不等，視人口的多寡而定，但無救濟必要的便不給。廣西各縣，除照省府規定，對於出征軍人家屬，每年給與三百斤穀子外，還有一種補充的辦法，便是在每一村街中，徵集公田五畝，田要好的，每畝能收三擔六斗穀，始能入選。住戶有田二十畝以上的，便要徵收一畝，由全村街人公耕，而以收穫所得，分給出征軍人家屬。公田於耕作一季後，便退還原地主，另外再由別戶徵收補充。這些辦法，可惜並不普遍。我們希望中央的當局，參考各地的實際辦理情形之後，定出一個可以通行的辦法來，對於上述的四種人，作一有效的救濟。

（原刊《新經濟半月刊》第二期）

血歷史207　PG1030

新銳文創
INDEPENDENT & UNIQUE

吳景超日記

——劫後災黎

原　　著　吳景超
主　　編　蔡登山
責任編輯　楊岱晴
圖文排版　陳彥妏
封面設計　劉肇昇

出版策劃　新銳文創
發 行 人　宋政坤
法律顧問　毛國樑　律師
製作發行　秀威資訊科技股份有限公司
114 台北市內湖區瑞光路76巷65號1樓
電話：+886-2-2796-3638　傳真：+886-2-2796-1377
服務信箱：service@showwe.com.tw
http://www.showwe.com.tw
郵政劃撥　19563868　戶名：秀威資訊科技股份有限公司
展售門市　國家書店【松江門市】
104 台北市中山區松江路209號1樓
電話：+886-2-2518-0207　傳真：+886-2-2518-0778
網路訂購　秀威網路書店：https://store.showwe.tw
國家網路書店：https://www.govbooks.com.tw

出版日期　2022年1月　BOD一版
定　　價　300元

讀者回函卡

Printed in Taiwan

國家圖書館出版品預行編目

吳景超日記——劫後災黎/吳景超原著；蔡登山主編. -- 一版. -- 臺北市：新銳文創, 2022.01

面；　公分. -- (血歷史；207)

BOD版

ISBN 978-986-5540-81-4(平裝)

1.饑荒 2.中國

431.9　　　　110018235